U0236312

人工智能产品设计

Artificial Intelligence
Product Design

赵智峰　高慧乐　戚一翡　编著

化学工业出版社

·北京·

内容简介

本书系统阐述了人工智能产品设计方法和流程，探讨了人工智能技术的特点和设计工具，以及人工智能设计工具在设计中的应用规则和应用实例。本书分为6章。第1章为人工智能产品设计的概述；第2章介绍人工智能产品设计对象，从用户、智能产品和设计师三个方面进行深入探讨；第3章对比传统设计流程，介绍人工智能产品设计流程，从设计之前、初期、中期、后期到设计完成五个阶段展开介绍；第4章介绍人工智能产品设计的技术支撑，介绍目前流行的设计智能硬件和软件，探讨新技术、新算法；第5章介绍人工智能产品设计的应用与表达；第6章介绍人工智能产品设计与社会意识的关系。

本书可作为普通高校设计学类专业，以及人工智能、计算机类相关专业师生的教材，也可作为人工智能相关的设计师和爱好者的参考用书。

图书在版编目（CIP）数据

人工智能产品设计 / 赵智峰，高慧乐，戚一翡编著.
北京 ： 化学工业出版社，2024. 11. -- （汇设计丛书）.
ISBN 978-7-122-46358-6

Ⅰ. TB472-39

中国国家版本馆CIP数据核字第2024J6U061号

责任编辑：李彦玲　　　　　　　文字编辑：谢晓馨　刘　璐
责任校对：宋　玮　　　　　　　装帧设计：王晓宇

出版发行：化学工业出版社
　　　　　（北京市东城区青年湖南街13号　邮政编码100011）
印　　装：北京新华印刷有限公司
787mm×1092mm　1/16　印张13　字数261千字
2024年11月北京第1版第1次印刷

购书咨询：010-64518888　　　　　　售后服务：010-64518899
网　　址：http://www.cip.com.cn
凡购买本书，如有缺损质量问题，本社销售中心负责调换。

定　　价：59.80元　　　　　　　　　　版权所有　违者必究

人工智能技术正在重塑我们的世界，也为产品设计提供了前所未有的可能性。在这个物联网和大数据高速发展的时代，人工智能赋予了产品强大的感知、学习和决策能力。当前，全球科技巨头都在布局人工智能赋能的设计革新，越来越多的企业开始意识到人工智能技术对产品设计和用户体验的重要性，积极引入人工智能技术进行产品创新和优化。同时，随着人工智能技术的逐步普及，消费者对于智能化、个性化产品的需求也在不断增加。人工智能设计将成为产品设计的重要发展方向。人工智能驱动的设计可以更好地理解用户，提供个性化体验，同时，它也能帮助设计师超越想象限制，实现生成式设计。因此，设计师及设计系高校师生需要不断学习和掌握人工智能产品设计的相关知识和技能，以满足市场对于人工智能产品设计人才的需求，并提高自身的竞争力。

本书全面介绍了人工智能在产品设计各个阶段的运用，从人工智能的基础知识和核心技术开始讲起，带大家领略人工智能如何释放设计创造力。具体探讨了人工智能技术的特点，人工智能产品设计的流程、方法和工具，人工智能设计工具在设计中的应用规则和应用实例，人工智能产品设计与社会意识的关系，以及未来人工智能产品设计的趋势。书中设置了大量应用案例分析和实践案例，旨在帮助大家真正掌握和运用人工智能产品设计。

本书面向没有编程经验的学生、设计师、艺术家，希望他们通过基础编程语言、智能软硬件和人工智能工具的学习，掌握智能产品设计的基本理论、方法和工具，培养创新能力和实践能力，提升实际设计项目的能力。

希望通过本书的实践，总结并提出高校数字化教育、数字化人才培养与实践的发展的策略与建议，促进高校教学创新与教学实践智能工具有机融合，缩小最新技术与教学大纲的时间差，总结和提炼出高校教师和企业及时建立前沿技术认知、迅速掌握智能工具来提升工作效率的方法。逐步提出人工智能技术在艺术设计专业的研究与应用的实践路径，建立人工智能技术应用于设计行业的培养发展体系。希望在人工智能设计教育体系、人工智能设计产业、人工智能用户培养规则上把握住与世界站在同一起跑线上的机会。

在本书的撰写过程中，我深深体会到了合作与支持的重要性。在此，我要向所有为本书付出努力和贡献智慧的个人和团体表达最诚挚的感谢。首先，衷心感谢苏州大学产品设计专业的师生们，是他们提供了宝贵的实践案例，让本书的内容更加贴近实际，更具有教学和研究的价值。他们的创新思维和专业精神，不仅为本书增色不少，也为我们的学科发展注入了新的活力。感谢苏州大学的研究生冯澳杰和何潇鸥对本书英文图片的翻译与排版工作，他们的工作细致、认真，确保了本书的准确性。此外，我还要感谢所有参与和支持本书编写工作的人员。没有你们的辛勤付出和无私奉献，本书的完成将无从谈起。

让我们携手开始这个激动人心的人工智能产品设计之旅吧！相信通过本书，大家一定能对产品设计的未来有更广泛深入的思考。祝愿大家在人工智能产品设计的学习道路上不断精进，获得更多惊喜与喜悦。希望本书能够为学科发展、为培养更多的设计人才，做出绵薄的贡献。

赵智峰

2024 年 6 月

目录

CONTENTS

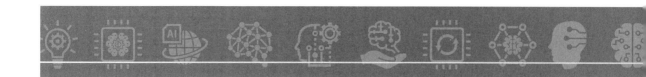

第3章
人工智能产品设计流程 / 046

第4章
人工智能产品设计的技术支撑 / 061

第5章
人工智能产品设计应用与表达 / 148

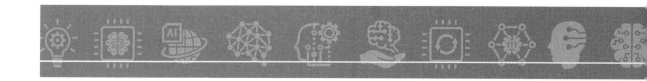

第6章
人工智能产品设计与社会意识 / 179

01
Chapter

第 1 章

人工智能
产品设计
概述

欢迎来到人工智能产品设计的奇妙世界，这是一个充满无限可能和创新的新领域。本章将为你揭开人工智能的神秘面纱，带你领略其发展历程、相关技术以及工作过程。同时，我们将探讨全球，尤其是中国在人工智能领域的研究现状、面临的挑战和未来发展趋势。更有趣的是，本章还将深入剖析人工智能设计与传统设计的碰撞与融合，以及在人工智能时代下产品设计新模式的探索。从新的交互方式到开源设计和全民设计，从参与式设计到参数化设计，我们将一同见证设计思维的演变以及人工智能设计所面临的壁垒与瓶颈。让我们一起踏上这趟令人兴奋的旅程，探索人工智能如何改变产品设计的世界。

1.1 人工智能概述

1.1.1 人工智能的发展历程

人工智能（Artificial Intelligence，AI）是指计算机系统通过模拟人类智能的方法和技术，实现某些具有智能特征的功能或任务，是由人制造出来的机器所表现出来的智能。它是研究和开发用于使机器能够执行类似于人类智能的任务的一门科学，是通过普通计算机程序来呈现人类智能的技术。该领域研究的目标是开发智能主体（intelligent agent），这些主体可以观察周围环境并采取行动以实现特定目标。如使计算机能够感知、理解、学习、推理、决策和交互，以解决复杂问题或完成各种任务。

人工智能的概念可以追溯到古希腊时代的神话，但真正的科学探索始于 20 世纪中叶。1956 年，约翰·麦卡锡（John McCarthy）首次提出了"人工智能"这一术语，并于同年在达特茅斯会议上正式确定了 AI 的研究方向。人工智能的定义有多种，其中一种经典的定义来自约翰·麦卡锡 2004 年的文章，他将人工智能定义为"制造智能机器，特别是智能计算机程序的科学和工程。AI 与使用计算机了解人类智能的类似任务有关，但不必局限于生物可观察的方法"。这一定义强调了人工智能的目标是制造能够模仿人类智能的机器，并且并不局限于生物的观察方法。

人工智能可以分为弱人工智能和强人工智能两种形式。弱人工智能（也称为狭义人工智能）是指专注于执行特定任务的系统，例如语音识别、图像分类、自然语言处理等。强人工智能（也称为广义人工智能）是指具备与人类智能相当或超过人类智能水平的系统，能够在各种复杂情境下进行自主思考和学习。

人工智能的发展历史可以追溯到 20 世纪 50 年代，当时艾伦·图灵提出了著名的图灵测试，探讨了机器是否能够思考的问题。随后，人工智能领域取得了许多重要的突破和进展，包括符号人工智能的发展、深度学习的兴起以及人工智能在各个领域的应用扩展。人工智能的应用范围非常广泛，涵盖医学、神经科学、机器人学、统计学等领域。它在语音识别、图像处理、自然语言处理、智能推荐系统、无人驾驶、金融风控等方面都有广泛应用。人工智能的实现方式还有多种，包括机器学习、深度学习、自然语言处理、计算机视觉、专家系统、遗传算法等。这些方法使计算机能够通过对大量数据进行学习和模式识别，从而改善性能并逐渐提高自己的能力。人工智能的发展对社会和经济产生了深远的影响，并且在未来还将继续发展和演进。

人工智能的发展经历了几个重要阶段（图1-1）：

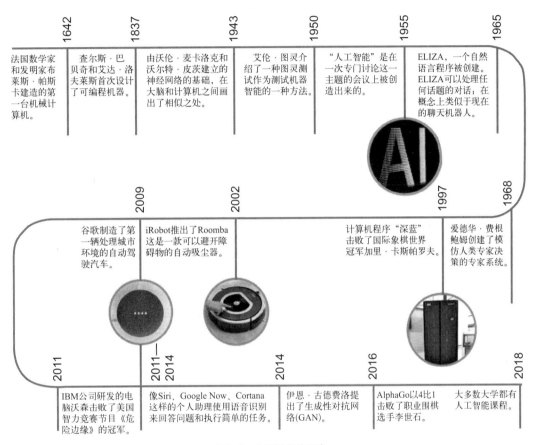

图1-1　人工智能的历史

① 符号主义（20世纪50年代至60年代）：早期的AI研究主要侧重解决基于逻辑的问题，并使用符号推理和专家系统等技术。

② 连接主义（20世纪80年代至90年代）：基于神经网络的连接主义模型得到发展，其模拟了人脑的神经元结构，提出了并行处理和学习算法，从而实现了一些以数据为基础的AI应用。

③ 统计学习（21世纪第一个十年至今）：随着大数据的兴起和计算力的提升，统计学习和机器学习的方法一时间成为人工智能学习与进步的主流。通过分析和学习大量数据来构建

预测模型和智能系统。

④ 深度学习（21世纪第二个十年至今）：深度学习是一种基于人工神经网络的机器学习技术，通过多层次的神经网络结构实现高层次的抽象和表达能力，取得了在图像识别、语音识别和自然语言处理等领域的突破。

1.1.2　人工智能涉及的相关技术

如图1-2所示，人工智能涉及多种相关技术，这些技术共同推动了AI领域的发展。以下是一些主要的相关技术，以及它们在AI中的应用。

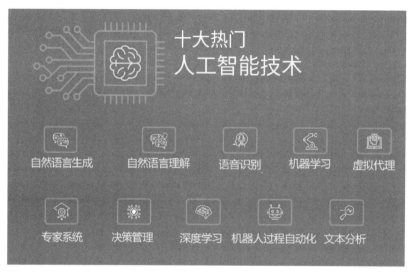

图1-2　2023年最热门的人工智能技术

（1）机器学习（Machine Learning）

机器学习是AI的核心技术之一，它允许计算机系统从数据中学习并改进性能。主要机器学习技术包括：

① 监督学习（Supervised Learning）：利用带标签的数据训练模型，用于分类和回归任务。

② 无监督学习（Unsupervised Learning）：从未标记的数据中发现模式和结构，如聚类和降维。

③ 强化学习（Reinforcement Learning）：通过与环境互动来学习如何做出决策，适用于自主决策问题。

（2）深度学习（Deep Learning）

深度学习是机器学习的一个分支，它基于深度神经网络（DNN），包括多层神经网络，用于自动提取和表示数据的高级特征。其应用领域包括计算机视觉、自然语言处理和语音识别。

（3）自然语言处理（NLP）

NLP 技术用于处理和理解自然语言文本。相关技术包括：

① 文本分析：文本挖掘、情感分析、主题建模等。

② 机器翻译：将一种语言的文本翻译成另一种语言。

③ 文本生成：生成自然语言文本，如聊天机器人和文档摘要。

（4）计算机视觉（Computer Vision）

计算机视觉技术用于处理图像和视频数据，包括：

① 目标检测：识别和定位图像中的对象。

② 图像生成：使用生成对抗网络（GAN）等技术创建逼真图像。

③ 图像分割：将图像分成不同区域，以进行详细分析。

（5）强化学习（Reinforcement Learning）

强化学习技术用于制定智能体在环境中做出决策的策略。应用领域包括自动驾驶、游戏玩法等。

（6）知识图谱（Knowledge Graph）

知识图谱用于表示和组织知识，提供了实体之间关系的结构化信息，支持智能搜索和问答系统。

（7）大数据和云计算（Big Data and Cloud Computing）

大数据技术用于存储和处理大规模数据，云计算提供了弹性计算资源，支持 AI 模型的训练和部署。

（8）自动化和机器人（Automation and Robotics）

自动化系统和机器人结合 AI 技术，用于自动化制造、物流和服务领域。

（9）伦理与透明性技术（Ethics and Transparency Technology）

这些技术关注 AI 系统的伦理问题，包括可解释性 AI、公平学习算法等，以确保 AI 的道德性和公平性。

（10）模拟与仿真（Simulation and Modeling）

模拟与仿真技术用于建立虚拟环境，以进行测试和训练，特别适用于自动驾驶和仿生学研究。

（11）语音识别（Speech Recognition）

语音识别技术用于将口语转化为文本，支持语音助手和语音命令。

（12）人机交互（Human-Computer Interaction）

人机交互技术改善了用户与 AI 系统的交互，包括自然语言对话、虚拟现实和增强现实等。

人工智能的相关技术广泛应用于各个领域，从医疗保健到金融、交通和科学研究等，不断提高生活质量和解决复杂问题。这些技术的不断发展和创新将进一步推动 AI 领域的进步。然而，人工智能的发展也伴随着一些伦理和安全的问题。人工智能可能会带来一些风险，如隐私问题、算法偏见、人工智能系统的不可解释性等。因此，人工智能的研究和应用也需要考虑到这些方面，并制定相关的伦理规范和安全措施。

1.1.3　人工智能的工作过程

如图 1-3 所示，人工智能的工作过程涉及多个阶段和基本动作，从数据收集到模型训练再到决策制定。这些动作合在一起使 AI 系统能够执行任务、学习、做出决策以及与环境交互，这些动作可用于构建 AI 系统以解决特定问题。以下是人工智能的工作过程的详细介绍。

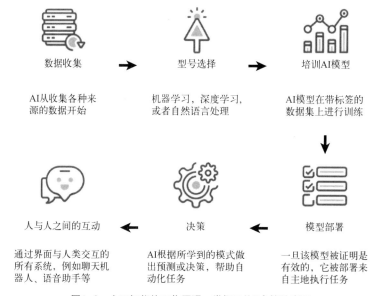

图1-3　人工智能的工作原理：掌握AI的6个简单步骤

（1）数据采集和准备

① 数据获取：从各种来源（传感器、数据库、网络等）获取原始数据，这些数据可能包括文本、图像、音频、数字等。

② 数据清洗和预处理：对数据进行清洗，包括处理缺失值、去除噪声、标准化和归一化等，以准备数据用于分析。这些步骤有助于确保数据的质量和适用性，以供后续的分析和建模。

（2）特征提取和选择

① 特征提取：根据问题的需求，从原始数据中提取相关特征，以更好地表示数据的关键信息。

② 特征选择：选择最重要的特征，以降低维度和提高模型性能。

（3）模型选择和训练

① 模型选择：根据问题的性质和数据的特点，选择适当的机器学习或深度学习模型，包括决策树、神经网络、支持向量机、聚类算法等。

② 模型训练：使用训练数据，对模型进行训练，使其能够从数据中学习并预测未来样本。这通常涉及参数优化和学习算法的应用，以使模型适应数据。

（4）模型评估和调整

① 评估性能：训练后，模型需要进行评估，以确定其性能和泛化能力。通常，将数据分为训练集和测试集，用测试集来评估模型的性能，包括准确性、精确度、召回率等。使用验证数据或交叉验证技术评估模型的性能。

② 调整超参数：调整模型的超参数，以提高性能和泛化能力。这可能需要反复实验和交叉验证来确定最佳超参数值。

③ 模型部署：部署经过训练的模型到生产环境，以进行实时预测或自动化决策。

④ 应用领域：应用 AI 系统解决特定问题，如自动驾驶、医疗诊断、客户服务、艺术设计与图像生成等。

（5）持续监测和维护

① 性能监测：持续监测模型的性能，以确保它在实际应用中表现良好。部署后，AI 系统需要持续监控，以确保其在不同环境和数据分布下仍然有效。如果数据分布或问题发生变化，可能需要重新训练或调整模型。

② 更新和维护：根据新数据和需求，定期更新模型，以保持其有效性。

（6）决策制定

最终，AI 系统用于制定决策或推荐，这些决策可以涉及分类、预测、自动化或控制。系统的目标是通过数据驱动的方式优化决策，以实现既定目标。

（7）解释和可解释性

① 模型解释：对于关键决策，解释模型的工作原理和预测过程，以提高模型的可解释性。对于某些应用，特别是在医疗保健和法律领域，可解释性和可视化工具可用于解释 AI 决策和模型的内部工作原理。

② 可解释性技术：使用技术如 LIME（局部可解释性模型解释）和 SHAP（Shapley 值）

来解释模型决策。

（8）伦理和法律考虑

① 伦理审查：考虑模型可能引发的伦理问题，如隐私、公平性和歧视问题。

② 法律规定：遵守相关法律和法规，如数据保护法和反歧视法。

（9）反馈和改进

① 用户反馈：收集用户反馈，以改进系统的性能和用户体验。

② 持续改进：根据反馈和新需求，不断改进 AI 系统。

人工智能的工作过程是一个不断迭代和优化的过程，通常需要综合考虑数据收集、特征工程、模型选择和训练、部署、监测和维护等多个环节。系统通过不断学习和改进来适应新数据和新情况。这使得 AI 系统能够执行各种任务，从图像识别到自然语言处理和自动驾驶。成功的人工智能应用通常需要跨学科团队的合作，包括数据科学家、工程师和各个领域专家。伦理和法律的考虑也在整个过程中起到关键作用，以确保 AI 系统的合法性和道德性。

目前人工智能设计在国内外已经成为许多企业及高校的热门领域。越来越多的公司开始认识到人工智能技术在产品设计和用户体验方面的关键作用，积极采用人工智能进行产品创新和改进。与此同时，随着人工智能技术的广泛应用，消费者对智能化和个性化产品的需求也在不断增长。因此，设计师及设计系高校师生掌握人工智能设计技术可以满足市场对于智能化、个性化产品的需求，提高自身的竞争力。

1.1.4　人工智能领域的研究现状与问题

我国在人工智能领域取得了显著的进展，与全球其他国家和地区一样，都在积极推动 AI 技术的研究和应用。以下是我国和世界各国在人工智能领域的研究现状和问题。

（1）人工智能领域世界的研究现状

人工智能领域在全球范围内取得了显著的研究成果，研究涵盖了多个方面。

国际竞争：世界范围内，美国一直是人工智能领域的领导者，许多顶尖的大学、科研机构和科技公司位于美国，如斯坦福大学、麻省理工学院、谷歌、Facebook 等。美国政府也积极支持 AI 研究，推出了多项政策和资助计划。中国在人工智能领域的投入巨大，政府制定了详细的发展规划，如《中国制造 2025》和《新一代人工智能发展规划》。中国如百度、阿里巴巴、腾讯以及华为等科技公司，在 AI 研发方面也有显著的成果。欧洲在 AI 技术研发方面也有着较强的竞争力，尤其是在伦理和法律框架的建立方面。欧盟推出了多个支持 AI 研究的项目和资金计划。未来，各国需要在推动人工智能发展的同时加强国际合作，共同应对技术、伦理和社会方面的挑战。

多领域交叉：人工智能已经逐渐渗透到各个领域，如自动驾驶、医疗诊断、金融风控、环境监测等。越来越多的研究探索 AI 与其他学科的交叉应用，创造了更多创新机会。

学术研究：深度学习已成为 AI 领域的重要推动力，尤其是在计算机视觉、自然语言处理和语音识别领域。研究者们不断改进深度神经网络结构，以提高性能。自然语言处理（NLP）方面的研究取得了显著成效，包括机器翻译、文本生成、情感分析和文本理解。预训练的语言模型（如 GPT 系列和 BERT）引领了人工智能深度学习领域的发展。在图像识别、目标检测、图像生成和图像分割等方面，计算机视觉研究不断取得进展。这为自动驾驶、医疗影像分析和安全监控等应用提供了基础。强化学习是智能决策和控制的关键领域，广泛用于自动驾驶、游戏玩法和机器人学等方面。世界范围内的研究正在不断改进强化学习算法。

商业应用：自动驾驶技术已经成为全球关注的焦点，各国的研究者和公司在自动驾驶软件、传感器技术和无人驾驶汽车的开发上取得了显著进展。自动驾驶技术在全球范围内得到广泛应用，特斯拉、Waymo、百度 Apollo 等公司在自动驾驶领域居于领先地位。金融领域应用 AI 技术进行风险评估、信用评分和欺诈检测，改善了金融服务。人工智能在医学影像分析、药物研发和疾病诊断等领域有重要应用，提高了医疗保健效率。AI 在教育领域的个性化教育、在线学习和学习辅助方面发挥重要作用。人工智能被应用于个性化教育、在线学习和自动化评估。虚拟教室和智能教育工具帮助学生获得更好的教育体验。AI 和机器人技术被广泛应用于工业自动化，提高了生产效率。

伦理和法律问题：随着人工智能应用的扩大，隐私、安全、责任等伦理和法律问题日益凸显。全球范围内的研究者和政策制定者都在思考如何平衡技术发展与社会影响之间的关系。

国际合作：人工智能是一个全球性的议题，国际合作在推动人工智能技术的研究和应用方面起着重要作用。各国之间在共同研究项目、政策制定等方面保持着合作与交流。

全球范围内的人工智能研究正在不断发展，涉及各种应用领域。国际社会的合作和知识共享对于推动人工智能的发展至关重要，以迎接全球性的挑战和机遇。研究者、工程师和政策制定者不断努力推动人工智能领域的发展，以解决各种现实世界的具体问题，并实现人工智能技术的创新和进步。

（2）人工智能领域中国的研究现状

我国在人工智能领域取得了显著的研究成果，成为全球人工智能研究和创新的重要参与者之一。我国高度重视人工智能研究和发展，制定了一系列政策文件，包括新一代人工智能发展规划，明确了未来 AI 发展的重要性。政府提供了大量研究资金，支持创新和应用，以推动中国成为全球 AI 领域的领导者。国家重点聚焦在教育数字化战略、创新人才培养、"四新"建设、科教融汇等方面。在未来，人工智能技术的发展势不可当，人工智能领域的市场需求将不断增加，因此政府、企业、高校、科研机构等都很重视此领域。

① 政府战略：我国将人工智能作为国家发展的重要战略，2017 年国务院发布了《新一代人工智能发展规划》，明确了到 2030 年成为世界主要人工智能创新中心、关键领域达到世界领先水平的目标。2023 年中共中央、国务院印发的《质量强国建设纲要》中明确提到，要发挥工业设计对质量提升的牵引作用，强化研发设计。由中国制造向中国智造转变，发挥人工智能在工业设计领域的作用。

② 科研机构、企业和实验室：中国的许多高校、研究机构和科技公司都在人工智能领域投入了大量资源。

百度（Baidu）：百度是我国领先的互联网公司之一，拥有自己的研究院，专注于自然语言处理、计算机视觉、深度学习等领域的研究。百度在深度学习和自动驾驶领域取得了突出成果。

腾讯（Tencent）：腾讯是一家综合性互联网公司，拥有 AI Lab，专注于语音识别、自然语言处理、计算机视觉和机器学习研究。腾讯在聊天机器人、人脸识别和游戏 AI 等领域有深入研究。

阿里巴巴（Alibaba）：阿里巴巴是我国著名的电子商务和科技公司，其 DAMO Academy（阿里巴巴达摩院）专注于人工智能、自然语言处理、计算机视觉和机器学习等领域的研究。

清华大学：作为我国顶尖大学之一，清华大学在人工智能研究中起到关键作用。其计算机科学与技术系的研究团队在深度学习、自然语言处理和计算机视觉方面有卓越表现。

中国科学院：中国科学院下属的研究所和实验室也积极从事人工智能研究，包括自动驾驶、机器人技术和大数据分析。

北京大学：北京大学的研究人员在自然语言处理、知识图谱和大数据分析方面取得了重要成就。

我国吸引了一大批顶尖的 AI 研究人才，包括在国际领域享有盛誉的学者，如吴恩达（Andrew Ng）和李飞飞（Fei-Fei Li）。这些研究人才积极参与研究和教育工作，推动了我国的 AI 发展。

③ 学术论文产出：我国的研究人员在国际学术期刊和会议上发表了大量的人工智能相关论文，涵盖了机器学习、自然语言处理、计算机视觉、智能设计与制造等多个领域。中国在某些子领域的论文产出已经位居全球前列。我国的研究人员在国际自然语言处理竞赛中屡次获得佳绩。我国的计算机视觉研究也取得了杰出成就。我国的研究人员在 ImageNet 大规模视觉识别挑战赛中也获得了不少奖项。

深度学习：我国的研究人员在深度学习领域取得了巨大进展，包括卷积神经网络（CNN）和循环神经网络（RNN）的应用。

自然语言处理（NLP）：我国的 NLP 研究团队在机器翻译、文本生成、情感分析和语音识别等领域具有卓越成就。

计算机视觉：我国的研究人员在图像识别、目标检测、图像生成和图像分割等领域展示出卓越的研究成果。

强化学习：强化学习是自动驾驶、游戏玩法和智能机器人等领域的热门研究方向，我国的研究人员积极参与这些领域的研究。

④ 应用领域：我国在人工智能应用方面也取得了重要进展，涵盖了医疗诊断、智能交通、金融风控、城市管理等多个领域。我国的企业积极探索人工智能的商业应用，包括自动驾驶、金融科技、智能制造、医疗保健、教育技术和物联网等领域。我国的互联网巨头和初创公司都在 AI 应用中发挥重要作用。但在设计领域的国产大模型应用程度存在不足。

（3）人工智能领域中国面临的问题及对策

尽管我国在人工智能领域取得了显著的进展，但仍然存在一些不足之处和挑战。以下是现阶段我国在人工智能领域的一些不足之处。

高端芯片研发与制造问题：我国芯片制造领域在一定程度上依赖进口，特别是高端芯片。这可能存在供应链风险，特别是在国际关系紧张或贸易紧张的时候。供应链中断可能对我国的人工智能产业造成严重影响。依赖进口芯片可能引发国家安全和数据隐私的隐患。在某些关键应用中，我国需要依赖自主研发的芯片，以确保数据的安全和保密。芯片制造是整个人工智能产业链的关键环节，如果芯片制造受到制约，可能影响到整个产业链的发展，包括硬件、软件和应用的发展。

数据隐私和安全问题：随着 AI 的快速发展，对数据的需求大幅增加，数据隐私和安全问题也日益凸显。我国的数据隐私法规和标准仍有改进空间，以确保合法和透明的数据使用。

数据集质量问题：我国在大数据领域拥有丰富的数据资源，但在某些领域，数据集的质量和多样性仍有不足之处，这可能影响机器学习和深度学习模型的性能。

数据共享和协作不足：在某些领域，数据的共享和协作仍然存在障碍，这可能会限制 AI 系统的训练和性能。更广泛的数据共享和协作将有助于提高 AI 系统的质量。

创新质量和基础研究不足：尽管我国在人工智能应用方面取得了巨大进展，但在基础研究和核心技术方面与一些发达国家仍存在差距。在一些关键领域，如新型算法、硬件创新和计算理论，需要开展更多的原创性研究。

计算资源不足：大模型的训练需要大规模的计算资源，包括 GPU 和 TPU 集群以及大规模分布式计算平台。虽然我国在云计算和超级计算领域取得了显著进展，但可能不足以满足大模型训练的需求。

能源消耗和环境问题：大模型的训练消耗大量电能，可能对环境产生不良影响。我国在可持续能源和绿色计算方面需要更多的研究和创新，以减少能源浪费和碳排放。

知识产权保护：中国在知识产权保护方面仍然面临挑战。确保研究成果的知识产权受到保护，对于吸引创新和研发投资至关重要。

基础研究与应用之间的鸿沟：我国在人工智能应用方面取得了显著进展，但在一些领域，如深度学习理论和算法的基础研究仍有待加强。这种基础研究与应用之间的鸿沟可能会影响未来创新的长期可持续性。

伦理和法规问题：随着人工智能应用的不断扩展，涉及伦理和法规问题的争议也增加了。我国需要更多的伦理和法规框架，以确保 AI 的合法和伦理使用。

人才竞争和人员流失：我国在人工智能领域的需求很高，但竞争激烈，导致了高水平人才的稀缺。此外，一些有才华的我国研究人员选择在国际上发展，这导致了人才流失。尽管我国拥有大量的科技人才，但在高水平 AI 研究和工程领域的专业人才仍然有限。培养高水平的 AI 人才需要更多的时间和资源。一些学校和机构在 AI 教育方面投入更多资源，而其他学校可能缺乏必要的师资和设备，这导致了教育资源分配的不均衡。

社会公平和公正问题：人工智能的应用需要确保社会公平和公正。AI 技术可能导致就业问题，特别是对低技能工作造成影响。我国需要应对这些社会问题，并实施政策来减轻不平等现象。

产学研合作不足：虽然我国在支持产学研合作方面已经采取了一些措施，但在实际层面仍存在一定的不足。更多的合作与协同创新将有助于将研究成果转化为实际应用。

领域间不平衡：我国在某些领域，如自动驾驶和金融科技领域取得了显著进展，但其他领域的研究可能相对滞后。我国需要更好地分散资源，以鼓励多样化的 AI 应用。

不均衡的地区发展：我国的人工智能研究和发展在一些大城市如北京、上海和深圳集中，导致了地区间发展不均衡。许多农村地区和中西部地区的 AI 教育和培训资源有限，这加剧了数字鸿沟。

国际标准和合规性问题：人工智能是全球性的领域，国际合作和标准对于推动其创新和发展至关重要。我国需要积极参与国际 AI 研究和标准制定，以确保其 AI 生态系统的国际化可操作性和竞争力。

我国政府和研究机构正在积极采取措施来解决以上问题，包括提高基础研究投入、制定数据隐私法规、提供更多的人才培养和引进措施，以及促进产学研合作。我国将会继续在人工智能领域发展，并逐步解决这些不足。

针对人工智能的快速发展，我国政府采取了一系列的举措和策略，以促进该领域的健康与有序发展，同时确保技术进步带来的利益最大化，减少潜在风险。这些措施包括但不限于以下几个方面。

制定发展规划：国务院制定了《新一代人工智能发展规划》，明确了到 2030 年成为世界主要人工智能创新中心的目标。这一规划涵盖了人工智能基础理论、关键技术、人才培养、法律法规和伦理道德等多个方面。

增加研发投入：我国政府及相关部门加大了对人工智能领域的研发投入，支持基础研究和应用创新，同时鼓励私营部门和国际合作伙伴参与人工智能技术的研发和应用。

建设平台和基地：我国政府支持建设一批国家级新一代人工智能创新发展试验区、人工智能产业创新中心、国家级人工智能开放创新平台等，旨在汇聚资源、共享数据、促进创新。

人才培养和引进：通过建设人工智能学院、设立特色专业和课程、提供奖学金等方式，培养和引进人工智能领域的高层次人才。此外，还鼓励国内外人才交流，吸引海外高端人才参与我国的人工智能发展。

加强法律法规建设：针对人工智能可能带来的隐私泄露、数据安全、伦理道德等问题，我国正在加强相关法律法规的建设，确保人工智能健康有序发展。这包括数据保护法、个人信息保护法等方面的立法工作。

推动国际合作：我国积极参与国际人工智能规则的制定，与多国和国际组织在人工智能领域开展合作，共同探讨和解决人工智能发展中的全球性问题。

通过这些举措，我国政府旨在促进人工智能技术的创新和应用，同时确保技术发展对社会的正面影响，减少潜在的风险和负面效应。

1.1.5　人工智能发展趋势

人工智能不仅可以提高设计效率和用户体验，还可以促进商业发展和推动创新。因此，对于设计师而言，了解和掌握人工智能技术将成为一项重要技能。

随着生成式人工智能（Artificial Intelligence Generated Content，AIGC）技术的不断发展，人工智能也得到了越来越广泛的应用，目前的发展已远不止图像生成、文本生成等领域，如今 AI 对设计行业、传媒、影视、艺术、电商、音乐、编程、动漫、游戏、娱乐等领域都产生了重要影响。数字化转型是当前企业发展、高校教育、国家战略的必然趋势。越来越多的企业和高校正在寻求 AI 和数字化技术的解决方案，以实现业务流程的优化和自动化，提高效率，降低成本（图 1-4）。

未来，我们可以期待更多、更强大的深度学习模型，这将进一步提高计算机视觉、自然语言处理和其他任务的性能。这可能包括更深、更广的神经网络，以及更先进的训练技术。人工智能将在各个领域实现更广泛的自动化和智能化。自动驾驶汽车、智能城市、医疗保健、农业、制造业等领域都将受益于更先进的人工智能技术。未来，集成智能将变得更加重要。这意味着将不同领域的人工智能技术整合在一起，使系统能够更全面地理解和处理信息。例如，结合自然语言处理、计算机视觉和感知技术来实现更复杂的任务。随着边缘计算和物联网的普及，人工智能将更多地集成到边缘设备中，以实现实时决策和智能反应。这将改善许多应用，如智能家居、工业自动化和健康监测。未来，人机协作将成为一项重要趋势。人工智能系统将不仅可以自主操作，还会与人类紧密合作，共同解决问题，这将涵盖从协作机器人到智能助手的多个领域。量子计算被认为是未来人工智能的潜在游戏规则改变者。量子计算机可能会加速许多复杂问题的解决，如优化、模拟和机器学习。

人工智能助力产业经济价值实现

人工智能于各环节提升经济生产活动效能

近年来，人工智能技术及产品在企业设计、生产、管理、营销、销售多个环节中均有渗透且成熟度不断提升。同时，随着新技术模型出现、各行业应用场景价值打磨与海量数据积累下的产品效果提升，人工智能应用已从消费、互联网等泛C端领域，向制造、能源、电力等传统行业辐射。以计算机视觉技术主导的人脸识别、光学字符识别（OCR）、商品识别、医学影像识别和以对话式AI技术主导的对话机器人、智能外呼等产品的商业价值已得到市场充分认可；除感知智能技术外，机器学习、知识图谱、自然语言处理等技术主导的决策智能类产品也在客户触达、管理调度、决策支持等企业业务核心环节体现价值。

图1-4　人工智能于各环节提升经济生产活动效能

在 2023 年由 ChatGPT 带来的市场性人工智能大爆发环境下，全球高校与科技公司都加紧了人工智能设计相关研究。但是可应用的大模型、工具与国际市场存在一定差距。据统计，ChatGPT 在 2022 年 11 月推出后的两个月后，美国大学生使用它来完成作业的人数比例上升到 89%，因此，在势不可当的条件下学校与其禁止使用，不如更好地引导与教学，让人工智能更好地成为一种工具。国内的公司也在加紧中国的人工智能大模型训练，如百度（文心一言）、腾讯（MaaS 大模型）、阿里巴巴（通义万相）、小米（MiLM）等大型科技公司在 AI 研究和应用方面都有深入的探索。

我国企业的人工智能大模型尚且处于开发改进阶段，可应用于高校教学和一线设计工作的人工智能模型开发落后于发达国家。因为大模型的训练与技术开发已经在十几年前开始实施，国内一时加速直追也需要过程。全球的人工智能开发在用户培养、高校设计教学、人工智能设计产业方面都处于同一起跑线，2023年因ChatGPT的问世，被称为真正的"人工智能元年"。在设计教育体系、用户培养规则上我国应该把握住这次机会。

1.2 人工智能设计

1.2.1 人工智能设计与传统设计

人工智能正在革命性地改变我们的世界，无疑，设计领域也并未例外。人工智能设计与传统设计之间存在一些区别和联系。人工智能设计是指利用人工智能技术和算法来辅助或自动化设计过程的一种设计方式，而传统设计则是指依赖人类设计师的经验、创意和直觉进行设计的方式。在设计的世界里，我们追求卓越、独特和创新。而在科技领域，人工智能正快速崛起，颠覆着许多行业的传统。如图1-5所示，当人工智能与设计相遇，会擦出怎样的火花？

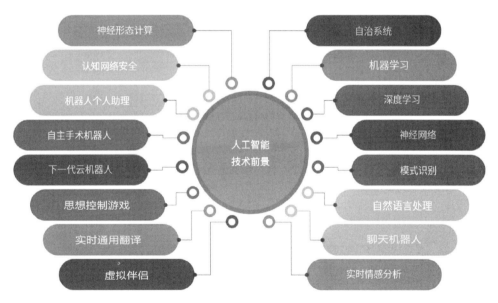

图1-5　人工智能技术前景

（1）人工智能设计带来的机遇和挑战

① 设计哲学的变迁

传统设计：往往以人为中心，强调设计师的创意和直觉。传统设计考虑的是人的需求、情感和行为，注重直观、经验和人类的判断。

AI 设计：以数据为中心，利用算法进行决策。它尝试模拟和增强人的思考能力，使设计更加客观、精确和个性化。例如，Adobe 的 Sensei 平台，通过深度学习技术，可以自动为设计师提供颜色、布局和样式的建议，而不是依赖设计师的直觉。

② 设计流程的革命

传统设计：通常遵循一种线性的、步骤化的方法，如研究、概念、原型、测试和实施。

AI 设计：可以持续、实时地学习和优化。例如，一个 AI 驱动的网站设计工具可以实时收集用户数据，自动进行 A/B 测试，并根据反馈调整设计。

③ 工具与技能的转变

传统设计：依赖于笔、纸、计算机软件等工具。设计师需要掌握一系列的技能，如绘图、建模和编程。

AI 设计：使用高度专业化的算法和数据科学技术。此外，设计师还需要与数据科学家、工程师密切合作，以充分利用 AI 的潜力。例如，谷歌（Google）的 AutoML 工具允许设计师和开发者无需深入了解机器学习就可以创建自定义的机器学习模型。

④ 创新与实验的机遇

传统设计：虽然也鼓励创新，但受到资源和技术的限制，实验的成本较高。

AI 设计：通过模拟和自动化，为大规模的实验和创新提供了可能性。例如，通过使用 AI 技术，设计师可以快速地测试数千种不同的设计方案，从而找到最佳的设计解决方案。

⑤ 人与机器的关系

传统设计：设计师是创造过程的核心。

AI 设计：设计师与 AI 系统合作，其中设计师为 AI 提供指导，而 AI 为设计师提供工具和洞察。例如，AI 可以帮助设计师理解复杂的用户数据，但最终的设计决策仍然需要设计师的直觉和经验。

⑥ 社会与伦理考量

传统设计：主要关注产品的功能性、审美性和可用性。

AI 设计：不仅要考虑以上传统的因素，还要考虑 AI 的伦理、隐私和偏见等问题。例如，当使用 AI 进行面部识别设计时，设计师需要考虑到种族、性别和年龄的公正性问题。

虽然人工智能设计与传统设计在哲学、流程、工具和关注点上有所不同，但它们都追求创造更好的用户体验。未来，随着两者的进一步融合，我们可以期待产生一种更加强大、灵活和人性化的设计方法。设计师需要不断地学习和适应，以充分利用 AI 带来的机遇。

（2）人工智能设计与传统设计的区别

设计过程：传统设计主要依赖人类设计师进行手工操作和决策，而人工智能设计则利用机器学习和算法来处理大量的数据并生成设计结果（图1-6）。人工智能设计更加自动化和高效。

创造性和主观性：传统设计强调设计师的独特视角和主观判断，注重创造力和个性化，而人工智能设计更注重数据和算法的分析和推导，强调客观性和智能化。

创意来源：传统设计中，创意来源于人类设计师的思维、经验和直觉。而人工智能设计可以从大量的数据中学习和生成创意，但目前仍然需要人类设计师的引导和干预。

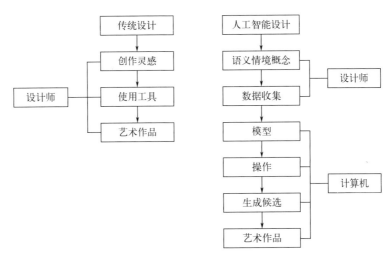

图1-6 传统设计和人工智能设计的分工

灵活性：传统设计具有更大的灵活性和创造力，可以根据具体需求进行个性化设计。而人工智能设计在某种程度上受限于训练数据和算法，可能会缺乏独特性和创新性。

人际交流和情感表达：传统设计通过人与人之间的交流和合作来理解客户需求，并将情感和品牌价值融入设计中。人工智能设计在这方面存在一定困难，目前比较难以理解情感和人类情境。

（3）人工智能设计与传统设计的联系

辅助设计：人工智能设计可以作为传统设计的辅助工具，通过自动化处理和生成设计元素、提供设计建议等方式帮助设计师提高效率和质量。例如自动生成设计选项、辅助选择颜色方案或设计网站等。这些工具可以为设计师节省时间和精力，使他们能够更专注于创意和策略。

数据驱动：人工智能设计利用大数据和机器学习算法进行设计决策，可以分析用户行为、市场趋势等数据，从而更好地满足用户需求和市场需求。

创新探索：人工智能设计在一些领域可以带来创新的可能性，例如生成独特的艺术作品、探索新的设计风格等，可以为传统设计带来新的可能性和视角，激发创新和探索，同时也可以改进传统设计的流程和方法。

虽然人工智能设计在某些方面可以辅助传统设计，但目前仍存在一些限制和挑战。人工智能设计仍然需要人类设计师的判断和干预，特别是在涉及情感表达、复杂决策和人际交流等方面。传统设计仍然是设计领域中不可或缺的重要元素。人工智能设计和传统设计都有各自的优势和局限，它们可以相互融合和互补，共同推动设计领域的发展与进步。

未来，随着人工智能技术的不断发展，人工智能设计有望成为设计领域的重要工具和创新驱动力。人类设计师的职责可能也会有相应的变化，主要负责创造价值领域、决策、沟通交流和处理不可预测的内容。

1.2.2 人工智能设计研究面临的主要问题

目前人工智能设计研究面临的主要问题包括但不限于以下几个方面。

缺乏标准和指导：人工智能技术与产品设计的具体结合方式不成熟，教学方法不规范，缺少完整规范的学习方法的研究与介绍。

时间代差：缩小最新技术与教学大纲的时间差。

人才缺口：应对市场对人工智能设计领域人才的需求。

用户教育：将人工智能技术引入新领域时，用户可能需要适应新的方式与系统交互，需要进行教育和培训，因此用户与人工智能设计的研究也是市场迫切的需要。

应用与泛化能力不足：一些人工智能模型在从训练数据到新数据的泛化能力不足，导致在现实设计中表现不佳。

可解释性和透明性：复杂的深度学习模型往往是黑盒子，难以解释其决策过程。在某些设计应用中，需要能够解释模型决策的方法。使用人工智能应用到设计的过程中，设计师也需要了解其决策规则、运行逻辑、生成理念，才能更贴切地应用于设计、服务于市场。

解决数据难题、发挥我国当下人口红利：数据的质量、数量和多样性对于训练高质量的人工智能模型至关重要。更多的设计师应用，有助于获取足够多样化且具有代表性的数据，特别是对于特定设计领域或任务；有助于发挥国内设计人口红利，为国内人工智能模型的训练与培养奠定大数据基础。

数据瓶颈：人工智能的发展对大规模数据的依赖程度很高。数据的可获得性、质量以及标注成本等因素限制了人工智能的发展。

泛化瓶颈：人工智能模型从训练数据中学到的知识无法完全适应新领域或未见过的情况。模型的泛化能力有限，难以处理复杂的现实世界问题。人工智能需要更好的泛化算法和方法来提高应用的普适性和可靠性。

能耗瓶颈：许多人工智能模型需要大量的计算资源和能源支持。模型的高计算需求和能源消耗限制了人工智能在实际应用中的普及和效率。解决能耗瓶颈需要开发更高效的算法和优化计算资源的利用。

语义鸿沟瓶颈：人工智能模型在理解和解释用户意图方面存在困难。目前的模型很难准确理解复杂的上下文和推理关系，从而导致了与用户交互困难。提高人工智能模型的语义能力和交互性是一个挑战。

可解释性瓶颈：人工智能模型的决策过程通常是黑箱模型，难以解释为什么做出特定的预测或决策。缺乏可解释性使得人工智能模型在某些领域，如设计原理与设计分析说明等关键决策场景中难以被广泛地接受。也给用户和监管部门带来了一定的难题，例如在金融、医疗等领域，用户希望能够理解决策的依据和推理的过程，而监管部门需要对人工智能产品进行审核和审计。因此，提高模型的可解释性和可信度是人工智能的一个挑战。

可靠性瓶颈：人工智能模型在处理不确定性和异常情况时存在困难。模型对于输入数据的变化或噪声很敏感，可能会产生不稳定的结果。确保人工智能模型的可靠性和鲁棒性是一个重要的挑战，需要更好的算法和方法来处理不确定性情况。

道德和伦理瓶颈：人工智能产品的设计会涉及一些道德和伦理问题，例如隐私保护、数据收集和使用、算法的公正性和偏见等。这些问题需要与技术设计紧密结合，尊重用户权益和社会价值，使人工智能产品能够更好地为人类服务。

纵然人工智能目前显现出各种优势，但也存在以上的不足和技术壁垒。充分了解它的弱点，不仅有利于对它进行进一步改进和升级，也便于将它应用于设计时扬长避短。

1.2.3　人工智能时代设计思维的演变

（1）系统设计思维

人工智能时代的产品设计需要更综合、多元化的设计思维，需要更加注重整个系统的综合性思考。产品设计、产品内容和服务构成了更为复杂的系统，设计师需要在这个系统中思考产品的功能、使用方式、形态和结构等问题。设计不仅需要处理对象系统的设计问题，还需要在更为复杂的社会、经济和技术系统中识别和解决问题。同时，设计师还需要在大系统中识别、定义要解决的问题，并进行策略性的创新。这要求设计师具备对社会、经济和技术等领域的综合认知，以及解决复杂问题的能力。人工智能时代的设计过程更加注重文化的探究、策略的制定，激发正向的情感和审美。设计师需要跨学科地运用创新、技术、商业、研究等知识领域，进行创造性的活动，并通过新的设计方式重新解构问题，提出更好的产品和解决方案。

（2）数据驱动设计思维

人工智能产品设计注重数据的收集、分析和应用。设计师通过收集用户数据、市场趋势和行业洞察，利用机器学习和数据分析技术来指导设计决策。这种数据驱动的设计思维使得设计师更加注重理性和客观的数据分析，从而更好地满足用户需求和市场趋势。

（3）智能化和自主化设计思维

人工智能产品设计赋予产品智能化和自主化的能力。设计师通过人工智能算法和技术，使产品能够自动学习和适应用户的喜好、行为和偏好，并根据个体差异提供个性化的体验。这种智能化和自主化设计思维使得产品能够更好地满足用户的个体需求和提供更个性化的用户体验。

（4）可持续性和环保设计思维

利用人工智能的优势，通过数据分析和优化算法，在合理参数范围内生成产品结构、产品用料等最优解，从而使产品可以在能源利用、资源消耗和环境影响等方面进行优化和改进。这种可持续性和环保设计思维使得设计师会更加关注产品的生命周期和环境影响，从而推动可持续发展的设计思维。

人工智能时代的产品设计新模式要求设计师深入了解和应用人工智能技术，拥抱综合化的设计思维，并重视整个系统的观点。人工智能对现代设计过程与方法的影响是全面和多层次的。它可以提供强大的辅助工具、自动化繁琐的设计任务、提供智能设计工具和促进设计创新与合作。这些新模式将推动产品设计向更智能、更人性化的方向发展，为用户带来更好的体验和价值，为设计师提供更具效率的设计工具。

1.3 人工智能时代产品设计新模式

人工智能将对产品设计师产生深远影响，产品设计面临着许多新的挑战和机遇。下面将详细阐述人工智能时代的产品设计新模式。

1.3.1 新的交互方式

人工智能的引入，使产品能够获得更强大的功能和智能化的交互体验。亚马逊的 Alexa、谷歌的 Assistant、苹果的 Siri、小米的小爱同学、华为 HiCar 车载助手小艺、三星的 Bixby 等语音助手的持续发展，为产品提供了更直观、简单、快速、智能的交互方式。例如，苹果的 iPhone 系列在其产品中引入了人工智能功能，如利用 AI 改进摄影效果、自动亮起屏幕以及通过 AI 驱动的自动文本发送回复；苹果 VR 眼镜 Vision Pro 的交互方式结合了眼球追踪和手势识别，提供了新的用户体验。这些新的交互方式将影响产品的形态、结构、功能提供方式、操作界面等方方面面，设计师需要考虑如何设计适应智能交互的界面、功能和交互方式，使用户能够更便捷地与产品进行互动，如图 1-7 所示。

自动化设计过程：人工智能还可以自动化设计过程中的一些繁琐任务，提高设计效率和质量。比如，AI 可以通过生成算法和优化方法自动生成多种设计方案，从中选取最优解决方案。AI 还可以用于自动化设计的迭代过程，通过分析和学习设计历史数据，提供反馈和改进建议，从而改善和优化设计。

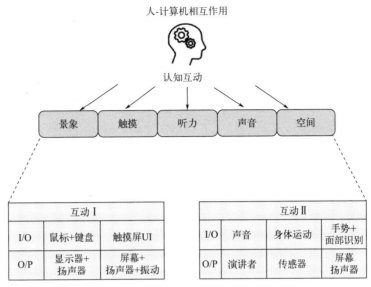

图1-7　人机交互的方式

发现创新与合作新模式：AI可以为设计师带来更多的创新和合作机会。通过机器学习和自然语言处理技术，AI可以帮助设计师发现和探索新的设计风格和趋势，激发创新思维。AI还可以用于设计团队的协作和沟通，提供实时的设计反馈和共享工具，促进设计师之间、设计师与工程技术人员之间的合作和交流。

1.3.2　开源设计和全民设计

设计师将成为公民的角色。在计算型设计（Computational Design）和生成式设计（Generative Design）时代，开源设计（People Helping People，PHP）将通过开源和人工智能的力量，使设计师和全民共同参与设计，可以让我们更快地追赶摩尔定律（Moore's Law）下计算力发展的速度，缩小设计师与普通人之间的技术差距。只要有想法，普通人也可以通过智能化设计工具表达出自己的创意，创意和内容变得更加重要（图1-8）。

1.3.3　参与式设计

参与式设计（Participatory Design），又称为协同设计或合作设计，起源于20世纪70年代，是一个将用户直接纳入设计过程的方法论。在人工智能迅速发展的背景下，参与式设计被赋予了更深远的意义，不仅有用户与设计师的合作，还包括了算法、机器学习模型和其他AI技术的融入。如图1-9所示的AI技术加持下的智能产品，可以帮助用户从始至终地参与产品开发与使用的全过程。

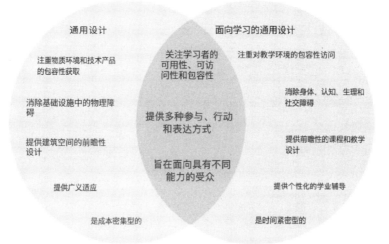

通用设计　　　　　　　　　面向学习的通用设计

注重物质环境和技术产品
的包容性获取　　　　　关注学习者的　　注重对教学环境的包容性访问
　　　　　　　　　　　可用性、可访
消除基础设施中的物理障　问性和包容性
碍　　　　　　　　　　　　　　　　　消除身体、认知、生理和
　　　　　　　　　　　　提供多种参与、行动　社交障碍
提供建筑空间的前瞻性　　和表达方式
设计　　　　　　　　　　　　　　　　　提供前瞻性的课程和教学
　　　　　　　　　　　　旨在面向具有不同　设计
　　　　　　　　　　　　能力的受众
提供广义适应　　　　　　　　　　　　　提供个性化的学业辅导

是成本密集型的　　　　　　　　　　　　是时间紧密型的

图1-8　面向学习的通用设计

产品改进

更多接触点

用户体验

用户服务

用户互动

图1-9　智能产品如何帮助用户参与其中

（1）参与式设计的核心理念

参与式设计基于一个简单而深入的理念：设计的最终用户应该是设计过程中的主要参与者。他们对自己的需求、期望和挑战有着独到的见解，这为设计提供了无价的洞察。

（2）人工智能与参与式设计

AI为参与式设计提供了前所未有的工具和方法。例如，机器学习可以分析用户数据，深入了解其行为和偏好，从而帮助设计师更好地满足用户需求。

（3）参与式设计的步骤

在AI的背景下，参与式设计的步骤有所变化，但核心仍然是用户的参与。

识别参与者：确定哪些用户、持份者和AI技术应该参与设计过程。

需求收集：使用AI工具如自然语言处理，分析用户的反馈，自动提取关键需求。

原型设计：使用AI辅助的设计工具如生成式设计，快速生成多个设计方案。

用户反馈：通过AI分析工具，深入了解用户对原型的反馈和建议。

迭代优化：根据用户的反馈，利用AI技术对设计进行优化。

最终实施：确保设计的实施满足用户的期望和需求。

（4）AI在参与式设计中的角色

数据分析：AI可以分析大量的用户数据，提供深入的洞察，帮助设计师更好地了解用户。

自动化原型生成：AI可以快速生成多种设计方案，为用户提供更多选择。

用户交互：通过聊天机器人、虚拟助手等工具，AI可以与用户进行实时交互，收集其反馈。

（5）参与式设计的挑战与机会

AI为参与式设计带来的挑战有以下几方面。

数据隐私：在分析用户数据时，必须确保其隐私受到保护。

偏见与公正性：设计师和AI开发者必须确保AI工具公正、无偏见。

用户的真实参与：在AI的辅助下，设计师仍然需要确保用户真正参与到设计过程中。

但同时，AI也为参与式设计带来了巨大的机会，使其更加高效、深入和有针对性。参与式设计在AI时代得到了新的生命力。通过深入融合用户、设计师和AI技术，人们可以创造出更加人性化、创新和有深度的设计。

1.3.4　参数化设计

在传统的设计过程中，设计师根据经验、直觉和创意进行创作。而今，随着技术的进步，设计方法也在迅速发展。其中，参数化设计已经成为现代设计领域的重要趋势。结合人工智能，参数化设计为产品设计带来了无限的可能性。如图1-10所示的印度孟买贾特拉帕蒂·希瓦吉国际机场的参数化设计，这种自由流动的顶棚设计是参数化设计的一个例子。占地约70000平方米的大跨度屋顶，使其成为世界上最大的没有伸缩缝的屋顶之一。屋顶由30根巨大的柱子支撑，南北方向间隔64米，东西方向间隔34米。

图1-10 印度孟买贾特拉帕蒂·希瓦吉国际机场

（1）参数化设计的定义

简单来说，参数化设计是通过预设参数来控制和生成设计的方法。设计师定义了一组参数和关系，然后通过调整这些参数来生成不同的设计方案。这种方法使得设计过程更加灵活、高效，同时也为创新提供了更大的空间。

（2）参数化设计的起源和发展

参数化设计的概念并不新鲜，但在过去的几十年里，随着计算机技术和软件的发展，它才真正开始蓬勃发展。早期的参数化设计工具如AutoCAD、Rhino等，使设计师能够创建复杂的几何形状。而今，结合人工智能技术，参数化设计已经进入了一个全新的阶段。

（3）参数化设计的核心原则

可变性：设计师可以随时调整参数，生成不同的设计方案。

关系性：参数之间存在固定的关系，保证了设计的一致性和协调性。

规模性：参数化设计可以快速生成大量的设计方案，适应各种规模的项目。

迭代性：设计师可以快速迭代，不断优化设计。

（4）参数化设计的工具和技术

3D建模软件：如Rhino、Grasshopper等，为设计师提供了创建复杂几何形状的工具。

算法：通过编写或利用现有的算法，设计师可以生成无法通过传统方法实现的设计。

仿真与优化：结合人工智能技术，设计师可以模拟设计的性能，如强度、稳定性等，并进行优化。

（5）参数化设计的应用

建筑与城市规划：通过参数化设计，建筑师可以根据环境、功能和美学要求，快速生成建筑方案。

工业设计：从家用电器到交通工具，参数化设计使产品更加人性化、功能化和美观。

时尚与珠宝设计：设计师可以创建复杂的纹理和形状，打造独特的服装和饰品。

（6）参数化设计的优势和挑战

① 优势

灵活性：设计师可以随时调整参数，应对各种设计需求。

效率：快速生成和迭代设计，大大提高了设计速度。

创新：开放了传统设计方法难以触及的创新空间。

② 挑战

技术门槛：设计师需要学习和掌握相关的软件和技术。

创意与技术的平衡：确保设计不仅仅是技术的产物，而是真正的创意表达。

（7）参数化设计与人工智能的结合

人工智能为参数化设计提供了强大的计算和优化能力。通过深度学习、遗传算法等技术，设计师可以生成更加先进、高效和美观的设计。此外，人工智能还可以辅助设计师进行决策，提供设计建议和反馈。参数化设计结合人工智能，为现代产品设计领域带来了革命性的变革。它不仅提供了强大的工具和方法，还为设计师打开了无限的创意空间。未来，我们期待看到更多通过参数化设计创造出来的杰出作品。

1.3.5 计算型设计与生成式设计

在艺术与科技交织的时代，设计方法经历了从手工艺到计算机辅助设计的变革。计算型设计与生成式设计作为新的设计方法，正逐渐改变我们对设计的理解和实践。

（1）计算型设计

定义：计算型设计是一种将设计问题视为计算问题的方法。它利用计算机算法来求解设计问题，从而达到优化设计的目的。

特点：基于算法和数学模型。能够处理大量的数据和变量。精确且可预测。

应用实例：设计一个椅子的结构，可以用计算型设计方法对椅子的各部分进行结构分析，然后调整设计参数，直到得到一个既美观又结实的椅子设计。

（2）生成式设计

定义：生成式设计是一种基于目标和约束来生成设计方案的方法。设计师定义了一个问题空间，然后利用计算机算法来探索这个空间，生成可能的设计方案。

特点：以目标为导向。能够自动生成大量的设计方案。结合人工智能技术，可以从历史数据中学习。

应用实例：设计一个新型的咖啡杯，可以用生成式设计方法设置目标，如保温时间、容量等，然后让算法自动生成各种可能的咖啡杯设计。

（3）计算型设计与生成式设计的关联与差异

关联：都是基于计算机和算法的设计方法。都追求在设计过程中的高效和创新。通过结合人工智能技术，都可以进行自动化和智能化的设计。

差异：计算型设计强调的是对设计问题的求解，生成式设计则是对设计方案的生成。计算型设计更加精确和可预测，生成式设计则更加灵活和创新。计算型设计往往基于已知的设计参数和模型，生成式设计则是基于设计目标和约束。

（4）人工智能在计算型设计与生成式设计中的应用

随着人工智能技术的发展，计算型设计和生成式设计都得到了极大的加强。机器学习算法可以帮助设计师从历史数据中学习，从而生成更加先进和创新的设计方案。深度学习技术则可以模拟人的思维过程，进行更加复杂的设计任务。

应用实例：使用深度学习模型来进行计算型设计，可以自动调整设计参数，直到满足预定的性能指标。而通过结合机器学习和生成式设计方法，可以从用户的反馈中学习，不断优化和迭代设计方案。

计算型设计与生成式设计是当今设计领域的前沿方法。它们结合了人的创意与机器的计算能力，为设计师开辟了一个全新的创意领域。在人工智能的助力下，这两种方法有望进一步发展，为未来的设计师提供更加强大和灵活的工具。

AI的发展仍然处于早期阶段，它的潜力远未被完全挖掘。随着技术的进步，我们可以预见AI在产品设计中的作用会越来越大，为设计师提供前所未有的机会和挑战。

思 考

中国在面临高端芯片研发与制造问题时，应该怎样快速弥补？

人工智能产品设计对象

在人工智能时代的浪潮中，工业设计师们面对的不再是传统的设计对象，而是充满无限可能的人工智能产品。本章将深入探讨这些新兴的设计对象，包括用户研究和智能产品，这是工业设计和人工智能的交汇点。我们将揭示用户研究在 AI 时代的重要性和新的方法论，同时也会探讨智能产品的特性和设计挑战。在本章我们还将深入讨论设计师在"第四次工业革命"中的角色和职责。设计思维如何成为企业采用人工智能的关键？设计师如何应对这个时代的挑战？在人工智能时代，设计师的职责又将如何转变？这些问题都将在本章中得到解答。

2.1 智能产品的用户研究

2.1.1 用户研究的形式

用户研究是设计师应该具备的能力，它能够为设计的执行提供依据。用户研究的目的是更好地进行设计，解决问题，产生好的结果。就是要知道人们想要什么，然后通过设计给予他们。从研究中获取关键的信息是设计获得成功的关键，要想得到这个关键信息，我们的研究就不能只停留在表面的观察、询问、记录上，而要通过联想和反思来思考本质——人和生活。research（研究）中词根 re 表示反复的意思，search 表示探索，research 就是指不断地探索，保持勤奋和创造性。

用户研究所得到的结论很容易受到使用者的需求影响，为了满足用户需求，易产生平庸的产品以及缺乏创新性和前瞻性的设计理念。因为使用者大多时候不知道自己想要什么，直到设计师把一个优秀的设计放在他面前。因此设计调研既要考虑使用者的现实需求，也要考虑创新和前瞻性的设计思想。

关于市场调研与用户研究，在《史蒂夫·乔布斯传》一书中，有如下关于乔布斯的一段描述："消费者想要什么就给他们什么，但那不是我的方式。我们的责任是提前一步搞清楚他们将来想要什么。我记得亨利·福特曾说过：'如果我最初问消费者他们想要什么，他们应该会告诉我，要一匹更快的马！人们不知道想要什么，直到你把它摆在他们面前。'正因如此，我从不依靠市场研究。我们的任务是读懂还没落到纸面上的东西。"用户研究的目的不仅是满足现在人们想要什么，更应该解决将来人们需要什么。

用户研究是产品设计中非常重要的一环，它与设计研究密切相关。设计研究（Design Research）是指通过科学的研究方法，探索和解决设计问题的过程，以提升产品的可用性、用户体验和商业价值。而用户研究（User Research）则是设计研究的一部分，专注于理解和分析目标用户的需求、行为、反馈以及其他相关因素，以指导产品设计和改进。

用户研究可以通过以下两种方式进行：用户体验关注用户与产品互动后的感受，用户旅程则探索用户如何从 A 点到 B 点，两种方式结合了解用户的感受、动机和目标（图 2-1）。

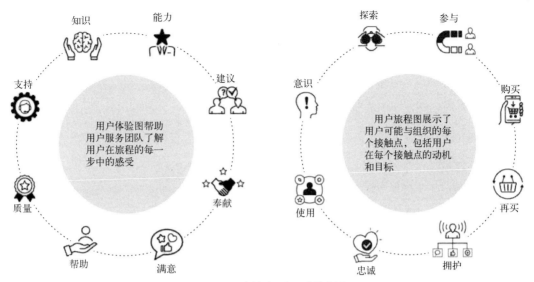

图2-1 用户体验图与用户旅程图

用户研究分为两种形式：一种是针对已有的产品，通过设计研究对产品存在的问题进行改进；另一种是针对全新的产品，通过设计研究提出构想，让用户进行体验，并不断完善和改进，直到满足用户需求。

产品角度：从单一产品提升到一个综合复杂的世界，其中包含空间环境、服务系统等非物质领域。

用户角度：从单独的个体到多元的团体，从马斯洛的个体需求到复杂的生态结构和综合性文化体。

2.1.2 用户研究的意义

（1）深入了解用户需求

用户研究帮助设计师更好地了解用户的需求、偏好和期望。通过与用户的直接互动和观察，设计师可以获取关于用户行为、偏好和态度的宝贵信息，从而设计出更加贴合用户需求的产品和服务。

（2）提升用户体验

用户研究可以帮助设计师发现和解决用户在使用产品或服务过程中遇到的问题和挑战。通过了解用户的痛点和需求，设计师可以优化产品界面、功能和交互方式，提升用户体验，使用户更加满意，并提高产品的可用性。

（3）有效支持决策

用户研究提供了基于实际数据和用户反馈的决策支持。设计师可以借助用户研究的结果，验证和优化设计方案，减少盲目猜测和假设，提高设计决策的准确性和有效性。

（4）产品创新和差异化

通过用户研究，设计师可以发现用户未满足的需求和潜在的机会点，从而进行产品创新和差异化。了解用户的行为习惯、喜好和期望，设计师可以提供符合用户期望的独特功能和体验，从而在市场竞争中脱颖而出。

（5）用户参与和共创

用户研究可以促进用户的参与和共创。通过对用户进行访谈、观察和测试，设计师可以与用户建立积极的合作关系，将用户视为设计过程中的重要合作者，从而实现以用户为中心的设计。

用户研究对于了解用户需求、提升用户体验、支持决策、创新产品和促进用户参与都具有重要的意义。通过深入了解用户，设计师可以设计出更加人性化、实用和满足用户需求的产品和服务。

2.1.3 AI 时代新的用户研究

在人工智能时代，传统的用户研究方法需要与新技术和用户需求的变化相适应。以下是一些适用于人工智能产品设计的新的用户研究方法。这些方法旨在更好地了解用户需求、行为和体验，从而设计出更智能和用户导向的产品。

（1）协同设计和参与式设计

在人工智能产品设计中，用户的参与至关重要。协同设计和参与式设计方法可以促进设计师和用户之间的密切合作。通过与用户进行合作设计和原型测试，设计师可以更好地理解用户的需求和期望，并及早获得反馈，从而提供更贴近用户需求的产品。

（2）用户使用环境实时监测

人工智能产品通常嵌入用户的日常生活中，因此了解用户的使用环境非常重要，可以通过使用传感器、移动设备数据和其他环境数据收集用户的行为和环境信息来实现。这有助于设计师更好地理解用户的需求和使用场景，以便提供更好的用户体验。通过用户行为追踪和分析工具，可以实时监测用户在产品中的交互和行为。这些工具可以记录用户点击、浏览路径、停留时间等数据，并通过分析来识别用户的行为模式和痛点，从而改进产品设计。

（3）数据驱动的用户分析

人工智能产品能够收集和分析大量的用户数据，以提供有关用户行为和偏好的深入洞察。设计师可以使用这些数据来识别模式、发现用户需求，并指导产品设计的决策过程。通过数据驱动的用户分析，设计师可以更好地理解用户行为和反馈，从而进行更精确的产品优化。

如建立用户体验实验室是一种常见的方法，通过在控制环境下进行用户测试和观察，设计团队可以更好地了解用户与人工智能产品的互动过程。实验室可以提供实时的用户反馈和定性数据，帮助设计团队发现和解决潜在的问题。

（4）用户体验测试和反馈循环

人工智能产品的设计是一个迭代过程，需要不断收集用户反馈并进行改进。传统的用户体验测试方法仍然适用，但可以结合使用自然语言处理和机器学习技术来更好地分析用户的情感和态度。例如，可以使用情感分析算法来分析用户在使用产品时的情绪状态，并据此进行产品改进。

（5）增强现实和虚拟现实技术

增强现实（AR）和虚拟现实（VR）技术为用户研究提供了全新的可能性。设计师可以利用 AR 和 VR 来创建仿真环境，让用户在更真实的场景中体验产品。这种技术可以模拟用户日常生活中的特定情境，以便更好地理解他们的需求和行为。AR 和 VR 技术可以为用户提供身临其境的体验，使设计团队能够更好地理解用户在特定场景下的需求和反馈。通过创建虚拟场景，设计团队可以观察用户在现实世界中可能遇到的问题，并相应地改进产品设计。

（6）用户情感和情绪分析

人工智能技术可以帮助设计团队分析用户的情感和情绪状态。通过语音识别、情感分析等技术，设计团队可以了解用户在使用产品时的情感反馈，从而为产品设计提供更好的用户体验。

（7）用户原型测试

使用人工智能技术可以创建交互式的用户原型，并在早期阶段对用户进行测试和反馈。这可以帮助设计团队快速迭代和改进产品，以更好地满足用户需求。

（8）自然语言处理（NLP）和对话系统

NLP 技术可以帮助产品设计团队理解用户的语言和意图。通过对话系统的设计和测试，设计团队可以更好地理解用户的需求和问题，并提供更智能的解决方案。

（9）人工智能辅助用户研究

AI 技术可以用于辅助用户研究的各个方面。例如，自然语言处理技术可以帮助分析和理解用户反馈和意见；机器学习算法可以用于用户群体的分割和分类；计算机视觉技术可以用于观察和分析用户的面部表情和身体语言。

（10）联合设计和跨学科合作

人工智能产品的设计和开发往往需要跨学科的合作和专业知识。在用户研究中，设计团队可以与人工智能专家、数据科学家和工程师等人员紧密合作，以确保人工智能技术与用户需求的匹配，并将用户研究的结果应用到产品设计中。

在人工智能时代，需要结合传统的用户研究方法与新技术的应用，以更好地了解用户需求、行为和使用环境。这些新的用户研究方法结合了人工智能技术和设计原理，以提高人工智能产品的用户体验和效果，有助于设计师在设计人工智能产品时更准确地把握用户的期望，从而提供更优质的用户体验。

2.2 智能产品的特征

在人工智能参与产品设计的时代，智能产品具有许多新颖的特征和功能，这些功能依赖人工智能技术，以提供更高级、智能化和个性化的用户体验。以下是关于在这个时代中的智能产品的关键特征。

2.2.1 基础智能层次

（1）自然语言处理

智能产品可以通过自然语言处理技术进行沟通和交互。语音助手、聊天机器人和语音识别技术使用户能够通过语音或文本与产品进行对话、提出问题和执行任务，从而改变了传统的界面互动方式。

（2）情感识别

一些智能产品可以识别用户的情感，有助于改进用户体验。例如，情感识别系统可以调整音乐的播放列表，以反映用户的情感状态。这也可用于客户服务领域更好地理解用户情感。

（3）数据分析和可视化

智能产品使用数据分析和可视化工具来帮助用户更好地理解信息。这些产品可以将大量的数据转化为易于理解的图形和可交互的界面，使用户更好地分析趋势和做出决策。

（4）实时数据分析

智能产品可以实时分析和可视化数据，使用户能够及时了解信息。这对于监控、决策制定和数据探索非常有用。

（5）自动化和决策支持

智能产品通过自动化和决策支持功能减轻用户的负担，能够自动执行任务、制定决策或提供建议。例如，自动驾驶汽车可以在无需人工干预的情况下驾驶，智能家居系统可以自动调整温度和照明。

2.2.2　系统智能层次

（1）个性化体验

智能产品能够根据每个用户的需求和偏好提供个性化的体验。这一定程度上是通过机器学习和数据分析来实现的，它们能够理解用户的行为、历史数据和反馈，然后调整产品的功能、内容或设置以满足用户的需求。

（2）智能推荐

智能产品通过分析用户的历史数据和行为，提供个性化的建议和内容推荐。这可以在电子商务、音乐流媒体、新闻和社交媒体等领域看到。智能产品可以预测用户可能感兴趣的产品、文章或音乐，并提供推荐。

（3）沉浸式体验

智能产品利用虚拟现实（VR）和增强现实（AR）技术，为用户提供沉浸式体验。VR产品可以创建虚拟世界，而AR产品可以将数字信息叠加到现实世界中，为用户提供增强的信息和互动元素。

（4）自主学习和适应性

一些产品能够通过机器学习不断改进和适应用户需求。它们可以根据用户的反馈和行为提供更智能的用户体验。

（5）预测性分析

智能产品使用机器学习算法进行预测性分析，以预测用户需求和行为。这在各个领域都有应用，包括金融领域的欺诈检测、健康领域的疾病预测和零售领域的库存管理。

（6）智能反馈和建议

产品可以通过数据分析提供智能反馈和建议，如购物建议、内容推荐和学习路径建议，以帮助用户更明智地做出决策。

智能产品在人工智能参与产品设计的时代，通过结合数据分析、机器学习和自然语言处理等技术，提供更加个性化、自动化和智能化的用户体验。这些产品旨在更好地满足用户需求、提高效率并改进用户的生活质量。

2.3　智能产品设计的分类

2.3.1　智能硬件设计

智能硬件是通过集成传感器、处理器和通信模块等组件，使其具有数据收集、处理和传输功能的设备。例如嵌入了微处理器、传感器和通信模块，能够进行数据收集、处理和通信的设备。近几年，随着物联网、边缘计算和 5G 技术的兴起，智能硬件设备如雨后春笋般出现，涵盖了从日常家居用品到高精尖医疗器械的广泛领域。

（1）设计关键要素

① 集成性：针对设备的目的和功能，确保其所包含的各种元件如传感器、处理器和通信模块的完美集成。

② 小型化：随着微电子技术的进步，将更多的功能整合到更小的空间中成为可能。

③ 耐用性与环保性：考虑设备的生命周期，从制造、使用到回收，尽可能选择环保材料并设计易于回收的结构。

④ 低功耗：考虑到移动设备的电池寿命和可持续性，低功耗设计显得尤为重要。

（2）设计流程

① 需求分析：首先明确设备的主要功能和目标用户群体。

② 原型设计：制定初步设计，进行功能和形态的模拟。

③ 选材与集成：根据功能需求选择合适的材料和元件，并进行集成。

④ 测试与优化：对原型进行功能、安全和耐用性等测试，并根据测试结果进行优化。

⑤ 量产与发布：经过多轮优化和测试后，开始进行大规模生产并发布。

（3）与软件的协同设计

随着智能硬件功能的增加，其软件复杂性也随之增加。因此，硬件与软件的协同设计显得尤为重要。例如，为了达到最佳性能和效率，处理器的选择和设计可能需要与操作系统和应用软件的设计紧密结合。

（4）实际应用案例

① 智能家居设备：例如智能灯泡、智能插座等，它们可以通过手机 APP 或语音助手进行控制，实现远程控制和自动化操作。

② 健康监测设备：例如智能手环和智能血压计，它们可以实时监测用户的健康数据，并通过云端进行数据分析和反馈。

③ 自动驾驶汽车：车载的各种传感器、摄像头和雷达等，可以实时收集车辆周围的环境数据，结合高度集成的计算机系统，实现车辆的自动驾驶功能。

智能硬件设计不仅仅是单一的物理设计，还涉及与软件的协同设计、与用户的交互设计以及与环境的互动设计。对于设计师来说，这需要他们具备跨学科的知识和能力，同时也为他们提供了广阔的创新空间和机会。

2.3.2　智能软件设计

智能软件指的是结合了人工智能、机器学习或其他高级算法技术的程序设计，以提供自适应、预测和优化功能。随着计算能力的增强和数据的爆炸性增长，智能软件设计成为当今的核心趋势，它赋予硬件生命，将传统的机械操作转变为有逻辑和洞察力的互动。

（1）设计关键要素

① 模块化：使软件组件化，便于后续升级、维护和功能扩展。

② 可扩展性：确保软件可以容易地添加新的功能或模块，而不影响现有系统。

③ 用户体验：一个直观、友好的界面可以大大增加用户对软件的满意度。

④ 数据驱动：利用大数据和机器学习为用户提供个性化服务和更好的交互体验。

（2）设计流程

① 需求分析：确定软件的核心功能、目标用户和使用场景。

② 结构设计：确定软件的整体结构，包括各模块的功能和相互关系。

③ 算法选择：根据需求选择合适的算法或模型，如决策树、神经网络等。

④ 编码与测试：以模块为单位进行编码，并进行单元测试和集成测试。

⑤ 部署与优化：将软件部署到目标硬件上，根据实际使用情况进行优化。

（3）与硬件的协同设计

智能软件设计需要与硬件紧密结合，以确保软件能够最大限度地利用硬件资源并满足性能要求。例如，对于需要实时处理的应用，软件设计可能需要考虑硬件的并行处理能力，如多核处理器或GPU。

（4）实际应用案例

① 智能家居控制系统：通过学习用户的生活习惯，自动调整家中的灯光、温度和音乐。

② 医疗诊断系统：通过分析患者的医疗数据，为医生提供诊断建议和治疗方案。

③ 个性化推荐系统：如在线购物或视频平台，根据用户的历史行为和偏好，为其推荐可能感兴趣的产品或内容。

智能软件设计是一个跨学科的领域，它结合了计算机科学、数据科学、人工智能和用户体验设计等多种学科知识。这为设计师提供了一个探索与创新的广阔天地，也为他们未来的职业生涯提供了无限的可能性。

2.3.3　视觉界面设计

视觉界面设计作为一个跨学科领域，集合了艺术、技术和心理学。它不仅是美观的界面，还是交互的媒介，为用户提供导航、反馈和情感连接。

（1）界面设计的艺术性

① 色彩与情感。色彩是最直接的情感传达者。深入理解色彩心理学，可以帮助设计师创

建更具吸引力和情感深度的界面。

②排版的力量。优秀的排版不仅易于阅读，还可以为设计增加结构和层次感，为用户提供清晰的信息层次。

③元素的象征性。图标、图像和其他视觉元素不仅是装饰，还可以传达信息、引导导航，甚至触发情感。

（2）科技在界面设计中的角色

①适应性设计。随着多种设备和屏幕尺寸的出现，适应性设计已成为一个标准。设计师必须考虑如何在各种情境下为用户提供一致和高效的体验。

②动画与交互。现代界面设计中的动画不仅仅是为了娱乐。合理的动画可以引导注意力，提供反馈，增强用户体验。

③AI与设计。随着技术的进步，设计师现在可以使用AI工具来帮助自动生成设计元素，提高效率，同时也带来了新的设计思考。

（3）设计心理学：人在中心

①减少认知负荷。简洁不等于简单。设计师必须确保界面既直观又功能齐全，减少用户的认知负荷。

②反馈循环。用户需要知道他们的操作是否成功。明确的反馈机制是建立用户信任度和满意度的关键。

③超越功能性：情感设计。人们不仅与功能性产品互动，还与拥有情感价值的品牌和产品建立连接。

（4）未来的视觉界面设计

①无界面的未来。语音助手、增强现实和虚拟现实提供了全新的互动方式，可能不再依赖传统的图形用户界面。

②生物学与设计。随着技术的进步，生物识别和神经接口可能成为未来设计的一部分，为用户提供更加直接和个性化的体验。

③社会和伦理挑战。随着技术融入生活的各个方面，设计师必须考虑其设计决策的社会和伦理影响。

视觉界面设计是一个持续进化的领域，集合了艺术、技术和心理学。设计师不仅需要跟上技术的步伐，还需要深入了解人的需求和情感，为用户创造有意义和有价值的体验。

（5）虚拟界面与元宇宙界面的设计

随着虚拟硬件与技术的发展，还催生出了虚拟界面设计、元宇宙界面设计。以下将探讨虚拟界面设计和元宇宙界面设计的演变和未来趋势，特别是从平面设计到三维、沉浸式设计的转变。我们将分析这些界面如何从艺术与设计的角度实现视觉吸引力和功能性，并探索其未来的发展方向。如图 2-2 所示。

① 从平面到深度的视觉探索

随着科技的快速发展，虚拟界面和元宇宙界面已成为新的设计前沿。从 2D 到 3D，从单一交互到多模态交互，这些界面为用户提供了全新的交互体验和视觉享受。

② 从平面到立体：设计的转变

a. 传统平面界面的特点与局限：主要以 2D 元素为主，如图标、按钮和文本；交互方式相对单一，主要依赖鼠标和键盘；对空间和深度的利用有限。

b. 虚拟界面与元宇宙界面的特点：以 3D 元素和动效为主，如模型、粒子效果和光影；交互方式丰富，结合 VR 与 AR 技术，如手势、眼动和语音等；充分利用空间和深度，提供沉浸式体验。

③ 艺术与设计的融合

a. 色彩与形态的运用：利用色彩对比和渐变，打造视觉焦点；利用形态和动效，增强空间感。

图2-2　虚拟界面与元宇宙界面的设计

b. 纹理与材质的选择：为 3D 元素提供真实感；强调光影和反射效果，增加真实度和沉浸感。

c. 符号与图标的设计：从 2D 到 3D 的转变，如 3D emoji（表情符号）和动态图标；结合元宇宙文化和语境，创造新的符号体系。

④ 交互与用户体验

a. 多模态交互的设计：利用 VR 和 AR 技术，如手势、眼动和语音等；提供自然和直观的交互方式。

b. 情境感知与个性化：根据用户的情境和状态，提供个性化的界面和内容；利用机器学习和人工智能技术，实现智能推荐和优化。

⑤ 未来趋势

a. 混合现实的设计：结合虚拟界面和真实世界，提供混合现实体验；利用 AR 技术，为用户提供丰富的视觉和交互体验。

b. 社交与共享的设计：在元宇宙中，人与人之间的互动和共享将成为核心；设计需要考虑如何支持社交和共享，如多人协作和内容分享等。

虚拟界面和元宇宙界面的设计不仅是技术的挑战，更是艺术与设计的新前沿。它要求设计师不仅要有良好的美学和设计基础，还要掌握先进的技术和工具。同时，设计师也需要具备前瞻性和创新思维，以应对不断变化的技术和市场需求。

2.3.4　智能交互设计

智能交互设计旨在创建更自然、直观和响应式的用户界面（UI）和用户体验（UX），通常基于人工智能和高级算法来预测和理解用户的需求、情感和行为。随着技术的进步，智能交互设计已经超越了传统的图形用户界面，涵盖了语音、手势、眼动和其他生物识别技术。

（1）设计关键要素

① 用户中心：一切设计均应以用户为中心，确保交互方式符合用户的直观理解和习惯。

② 多模态交互：整合多种交互方式，如触摸、语音、手势等，提供丰富的用户体验。

③ 实时反馈：用户的每一个操作都应得到即时的反馈，以增强交互的真实感和沉浸感。

④ 情境感知：根据用户的环境、情境和状态，自动调整交互方式和内容。

（2）设计流程

① 用户研究：通过调查、访谈和观察等方式了解目标用户的需求和习惯。

② 信息架构：确定产品或服务的结构，定义各个功能模块和界面的关系。

③ 交互原型：制作初步的交互原型，展示界面的布局、流程和动效。

④ 用户测试：邀请目标用户测试原型，收集反馈并进行优化。

⑤ 高保真设计：完善界面的细节，确保与最终的开发效果一致。

（3）与硬件和软件的协同设计

智能交互设计需要与硬件和软件紧密结合。硬件提供了交互的物理手段，如触摸屏、麦克风或摄像头；软件则提供了交互的逻辑和算法，如语音识别、手势识别等。

（4）实际应用案例

① 智能助手：如苹果的 Siri 或谷歌助手，用户可以通过语音与其交互，完成各种任务。

② 虚拟现实：用户可以通过头部移动、眼动和手势等方式与虚拟环境互动。

③ 智能家居控制：用户可以通过手机 APP、语音或手势等方式控制家中的各种设备。

智能交互设计是当今设计领域的热点，旨在提供更为自然、直观和人性化的用户体验。对于设计师来说，这不仅需要他们掌握先进的技术和方法，还需要他们具备敏锐的用户洞察和创新思维。

2.3.5　智能系统设计

智能系统设计关注整合多个子系统、组件和算法，以构建一个具有自我学习、自适应和决策能力的完整系统。这些系统通常结合了数据采集、处理、分析和响应等多个环节，为用户提供智能化的解决方案。

（1）设计关键要素

① 整体性：考虑系统的全局结构，确保各个子系统和组件的协同工作。

② 模块化：将复杂的系统拆分为多个模块或组件，以便于开发、维护和升级。

③ 数据驱动：利用大数据和机器学习技术为系统提供决策支持和智能优化。

④ 用户中心：确保系统的设计和运行均以满足用户需求为首要目标。

（2）设计流程

① 需求分析：定义系统的目标、功能和性能指标，确定关键的用户和使用场景。

② 系统架构：设计系统的高级结构，确定主要的组件、模块和接口。

③ 详细设计：针对每一个组件或模块进行深入的设计，包括数据结构、算法和交互流程等。

④ 集成与测试：将各个组件或模块集成到一个完整的系统中，并进行全面的测试。

⑤ 部署与运维：将系统部署到目标环境中，提供持续的维护和升级服务。

（3）与硬件、软件和交互的协同设计

智能系统设计需要与硬件、软件和交互紧密结合。硬件提供系统的基础设施和运行平台；软件为系统提供逻辑和算法；交互则关注系统与用户之间的沟通和互动。

（4）实际应用案例

① 智能医疗系统：通过整合医疗设备、医疗记录和医疗知识，为医生提供诊断支持和治疗建议。

② 智能交通系统：通过分析交通数据，预测交通流量和拥堵情况，为用户提供最佳的出行路线。

③ 智能电网：通过实时监控和预测电力需求，自动调整电力供应，确保电网的稳定和高效运行。

智能系统设计是一个跨学科的领域，它涉及计算机科学、电子工程、数据科学、人机交互等多个学科。对于设计师来说，这提供了一个广阔的学习和创新空间，也为他们的未来职业生涯带来了丰富的机会和挑战。

2.4 人工智能时代对设计师的要求

2.4.1 应对第四次工业革命

（1）第四次工业革命

人类历史上先后发生了三次工业革命：

第一次工业革命（1760年至1840年）——"蒸汽时代"，标志着农业文明向工业文明的过渡。机器取代人力，大规模工厂化生产取代个体工厂手工生产。

第二次工业革命（1840年至1950年）——"电气时代"，电力、钢铁、铁路、化工、汽车等重工业兴起，石油成为新能源，并促使交通的迅速发展。世界各国的交流更为频繁，逐渐形成一个全球化的国际政治、经济体系。

第三次工业革命（1950年至今）——"信息时代"，计算机和网络的发展使全球信息和资源交流变得更为迅速。第三次信息革命还没有停止，还在全球继续扩散，我们便迎来了第四次工业革命。

工业技术、计算机技术、信息技术快速发展，同时也造成了巨大的能源、资源消耗，扩大了人与自然、人与人、国家与国家之间的矛盾。由此引发了第四次工业革命——智能化与绿色化革命。

第四次工业革命的目标：人工智能化，绿色革命。

第四次工业革命的特征：提高效率、资源生产率与利用率。

第四次工业革命遵从理念：3R（Reduce，Reuse，Recycle；减量，再生，回收）理念和3E（Eco Friendly，Energy Saving，Easy to Use；环保，节能，易用）理念。

第四次工业革命，是以人工智能、机器人技术、清洁能源、量子信息技术、无人控制技术、VR、AR 以及生物技术等为主的基于技术组合的创新，是继蒸汽技术革命（第一次工业革命，用蒸汽动力来实现生产机械化）、电力技术革命（第二次工业革命，用电力来创造大规模生产）、计算机及信息技术革命（第三次工业革命，使用电子和信息技术实现生产自动化）的又一次科技革命。

（2）设计师如何应对第四次工业革命

设计师在以人工智能为主导的第四次工业革命中面临着许多机遇和挑战。未来，人工智能可能会取代设计师的大部分工作，但是设计师的想象力、情感和情绪很难被取代。因此设计师也需要采取一系列跟随时代背景、技术革新、社会环境而变化的策略。比起担心被替代，不如更好地利用它，以确保在这一技术浪潮中保持竞争力和创造力。

学习和适应新技术：设计师需要不断学习和了解人工智能、机器学习和其他相关技术，以充分了解它们的潜力和应用领域。需要了解人工智能的基本原理和应用，以便在设计工作中充分利用这些技术。这包括机器学习、计算机视觉、自然语言处理等领域的知识。这可以通过参加培训课程、在线教育、研讨会和工作坊来实现。

与 AI 合作：AI 可以成为设计师的合作伙伴，帮助他们自动化任务、加速设计过程和提供创意灵感。设计师可以考虑使用 AI 生成的设计工具，如生成式设计。通过使用 AI 生成的设计元素，设计师可以快速创建原型、草图和概念，从而加速创意过程。具体做法如下：①加速创新：利用人工智能增强设计师的创造力。②简化设计流程：早期的计算机只是为了帮助人们进行重复性的工作。随着计算机和人工智能的发展，设计师可以比以前更快更方便地进行设计与表现。人工智能可以帮助设计师简化设计过程，让设计师可以投入更多的精力去进行创新。计算机和人相比在效率、准确性、逻辑性等方面具有更多优势。设计师可以在设计之初利用计算机和人工智能进行数据搜集和分析；设计过程中使用人工智能和机器学习快速进行设计素材的检索，甚至发现隐藏的机会，快速完成繁琐的流程；设计完成后 AI 提供多种评价与反馈，提供多种改进方案，进行不断优化。③提高效率：将节省的时间用在设计创新和用户沟通上。

个性化设计：AI 可以根据用户数据和偏好创建个性化的设计。设计师可以利用这一优势，为客户提供更加个性化的产品和体验。这种定制设计不仅提高了客户满意度，还可以为设计师带来更多的商业机会。

数据驱动的设计决策：设计师可以利用大数据分析和 AI 来了解用户行为和市场趋势。这些洞察力可以指导设计决策，确保设计更符合目标受众的需求。数据驱动的设计还可以帮助设计师更好地评估设计方案的优劣和效益。利用 AI 工具监控市场趋势，设计师需要密切关注市场趋势，以了解如何运用新技术来创造有竞争力的设计解决方案。

创造新的用户体验：设计师可以将 AI 整合到产品和服务中，以创造全新的用户体验。例如，虚拟助手和聊天机器人可以改善用户界面，提供更好的用户支持。

跨领域合作：第四次工业革命倾向于跨领域合作，设计师可以积极参与不同领域的项目，如医疗保健、交通、能源等，以解决复杂问题。

艺术与技术的融合：设计师应将技术与创意相结合，创造出独特的设计解决方案。AI可以用来执行重复性任务和数据分析，从而释放设计师的创造力。这种融合有助于设计师在创新和技术实现之间取得平衡，产生更具竞争力的设计作品。

可持续设计：AI可以帮助设计师更好地评估和优化产品和建筑的可持续性。设计师可以利用AI来减少资源浪费和降低环境影响。

不断创新：设计师需要保持创新精神，不断尝试新的方法和技术，以适应快速变化的工业革命。

专注于培养那些AI难以复制的设计素质，包括设计感、故事性、娱乐性、深刻的意义、同理心以及创新思维。在专业用户生成内容（Professional User Generated Content, PUGC）领域，如TikTok和YouTube等个人平台上，这些素质尤为重要。在人工智能时代，这些内容创作的核心要素将成为不可替代的宝贵资产。

需要注意的是，尽管AI和机器学习可以提供许多优势，但它们也可能导致一些问题，如失业问题、隐私问题和伦理挑战。因此，设计师需要谨慎应对这些问题，确保自身的工作和创新是有益于社会和人类的。设计师在第四次工业革命中扮演着关键的角色，可以通过积极采纳和利用人工智能技术，以及在伦理、可持续性和用户体验方面进行思考，为新的工业革命带来积极的影响。这种结合技术和创意的方法将有助于设计师在不断演变的数字化环境中蓬勃发展。

（3）设计师在第四次工业革命应具备的能力

作为设计专业的学习者或从业者，在以人工智能为主导的"第四次工业革命"时代，应该培养以下能力来应对技术革命、更好地履行职责。

① 专业的设计执行能力。指具有丰富、熟练的专业设计技能，以及对设计构想的表达能力。只具备领导能力、眼高手低的设计总监或设计师无法体会设计里面的细节。设计执行能力包括数据收集与分析能力；清晰表达和解释自己设计的沟通能力；挖掘设计需求方核心需求的沟通能力；创新能力；审美能力，对作品的美学鉴定能力；职业道德与责任心，对使用者、产品、市场、社会、自然的责任心。

② 商业把控、社会适应能力。指对目标市场的分析、把握、引导能力，对潜在市场的吸收能力，对各种商业规则的理解和遵守能力。掌握新的设计工具（智能设计工具）、正确的设计方法、与时俱进的设计理念。

③ 设计管理能力。包括传达设计概念的清晰性；设计规划的完整性和条理性；对设计过程急缓速度的控制能力；对设计团队的选择组建能力；对设计团队的规划分工能力；对设计

团队创作的激发能力；对新开发产品的评论、筛选能力；对设计新手的培养指导能力。

④ 艺术文化与生活感受能力。设计师的艺术文化素质将影响他对当代文化的洞察力，对流行文化趋势的把握能力，对传统文化的继承能力，对异域文化的吸收能力，以及为他所服务的品牌进行文化建设的能力。

⑤ 感受生活与共情能力。未来的设计师将扮演科技的诠释者、人性的引领者、感性的创造者。设计师身兼数职，不仅是做设计，还需要观察、洞察周围的一切。

⑥ 个人综合能力。包括良好的深入沟通与合作能力；多维度思考能力；自信、乐观、自律；好奇心与强大的学习能力；人格魅力、知识魅力；对设计和生活的热爱和激情。

（4）设计思维是企业采用人工智能的关键

人工智能是数字时代的一项特别具有变革性的技术，它在解决不同业务环境中流程效率低下方面的实际应用正在以远远超出大多数公司在企业规模上采用它的能力的速度增长。人工智能目前的应用是有限的功能操作。虽然下一波人工智能创新浪潮具有巨大的潜力，但公司必须首先弄清楚他们可以在何处以及如何将人工智能应用于运营中的特定业务问题。

为了引领即将到来的数字创新浪潮，高管（C-Suite）必须运用设计思维，以实现跨部门的协调和获得中层管理团队的支持。最终，人工智能的价值取决于公司如何运用这些技术，而不仅仅是技术本身的运营模式。

设计思维原则引入了一系列实用的方法，旨在促进跨学科的交流和创新。这些方法鼓励员工在一个减少等级障碍、鼓励自我超越、挑战现有规范并支持理性风险的环境中进行质疑、观察、沟通和实验。在组织中推广设计思维的高管可以加速人工智能的采用，实现组织一致性并推动对目标的承诺，同时减少对组织变革的阻力。设计思维实践使公司能够在市场条件发生变化时快速调整，因为围绕一套核心敏捷决策原则的调整已经嵌入公司文化中。使用设计思维原则来加速企业采用 AI，需要向五个方面转变，如图 2-3 所示。

图2-3　使用设计思维原则来加速企业采用AI

① 企业需要重新定义技术创新的主体。传统上，许多企业将创新视为技术人员的专属领域，他们负责提出创意并推动其实施。然而，设计思维提出了一种颠覆性的观点，即创新应当是整个组织的责任，由具有全面视角的跨学科团队来共同推动。在当今企业中，人工智能不再是 IT 部门的专利，而是业务部门领导者在各自领域内推广的工具。领导者的首要任务是与最了解各自运营挑战的业务部门、职能团队和变革领导者携手合作。同时要让 IT 部门明白，他们的新角色是支持而非控制人工智能技术，确保其他团队能够自由地试验、测试、验证和部署这些技术。

② 拥抱跨学科和跨职能的团队。设计思维将技术人员与高管、分析师、风险管理、合规、审计、运营、销售和面向客户的顾问聚集在一起，形成一个推动新想法和以客户为中心的论坛。这些团队成为企业间和业务部门间的生态系统，在整个企业中共享学习成果、成本和风险。企业采用人工智能的战略将组织推向领导层之外，领导层思维固化可能成为封存知识、抑制创新和造成不健康内部竞争的壁垒。

③ "规范化"企业再造。让重塑和变革成为一种常态，有助于企业扩展现有的人工智能产品和解决方案，而不是总是考虑下一件大事。组织变革之所以最令人担忧，是因为领导者通过让经理和主管参与战略规划活动来重塑企业的命运，这些活动限制了员工的参与。如果鼓励员工更广泛地参与设计思维实践，让员工在维持组织竞争市场地位所需的组织转变的背景下参与塑造自己的命运，这就是领导者如何将阻力和其他变革障碍转化为竞争优势的方式。

④ 利用智能技术与智能的员工合作。下一代混合数字劳动力——由人工智能和其他认知技术赋能的人类和机器人，能够将多种类型的工作环境应用与实时数据分析相结合。他们不会被技术赋能，他们将赋能技术并管理人工智能，以改善预测性决策，使产品和服务与客户需求保持一致。这听起来像是一个创新的世界，需要设计思维的转变作为先决条件。

⑤ 将用户需求置于首位。设计思维的精髓在于追求卓越的最终用户体验。在设计思维的过程中，用户往往扮演着关键角色。通过咨询小组、试点项目或调查等方式，积极收集用户的反馈至关重要。为了更深入地理解用户需求，可以考虑创建一个模拟环境，体验与人工智能辅助的数字工作者合作的场景。此外，通过访问其他业务部门或公司，或利用第三方顾问来建立设计思维环境，可以更全面地了解团队的互动方式和创新实践。与最终用户的紧密合作，对于改进现有服务、开发新产品或优化用户体验具有极大的价值。

人工智能技术的快速发展意味着设计师需要持续学习和更新自己的技能。这不仅仅是为了掌握最新的工具和技术，更是为了保持对行业趋势、用户需求和社会变化的敏锐洞察力。利用人工智能技术推动设计领域的创新和发展，同时也关注技术发展对社会和环境的影响，以负责任的方式推动设计前行。

2.4.2　人工智能时代设计师的职责

在人工智能时代和未来的发展中，设计师将扮演关键角色，具有以下方面的职责。

① 设计的首要职责是关注用户需求和体验。设计师应该使用人工智能来深入了解用户行为、喜好和需求，以便创造更加个性化、符合用户期望的产品和服务。

② 设计是关于创新和创造力的领域，可以推动新的技术和应用的发展。设计师应该提供新的思路和创意，从而引领技术的演进。

③ 设计师可以参与对技术政策和决策的讨论，以确保设计的权衡和人性化在技术发展中得到考虑。

④ 设计师需要考虑伦理和社会影响，确保他们的设计是道德和可持续的。他们应该主张包容性设计，避免歧视性设计，关注隐私和数据安全，并考虑技术的社会和环境影响。

⑤ 设计应该考虑到不同人群的需求，包括残障人士。人工智能可以用于提高产品和服务的可访问性，使其对所有人都更具包容性。

⑥ 设计应该在引领创新方面发挥关键作用。设计师需要不断研究新兴技术和趋势，为技术的应用和融合提供创新的解决方案，以推动技术的前进和改进。

⑦ 设计和技术应该更加密切协作，以确保技术和设计之间的协调和一致。设计师需要了解技术的限制和可能性，同时技术团队也需要理解设计的目标和用户需求。

⑧ 设计师应该在教育和传播方面发挥积极作用，帮助公众更好地理解人工智能技术和其潜在影响。这有助于提高公众的科学素养，减少技术焦虑和误解。

⑨ 设计应该注重可持续发展，考虑产品和服务的生命周期，减少浪费和环境影响。人工智能可以用来改进资源管理、节能和可再生能源领域的设计。

⑩ 设计师需要将数据和信息可视化，以帮助人们更好地理解和利用复杂的数据集。这有助于数据分析、决策制定和教育。

⑪ 设计师需要具备危机管理和适应性的技能，因为技术进步迅速，市场和用户需求也可能快速变化。他们应该能够调整设计策略以适应新的情况。

⑫ 在全球化时代，设计需要考虑不同文化和地区的差异。设计师应该展现文化敏感性，以确保设计能够适应不同社群和市场。

设计师在人工智能时代和未来发展中的职责是多方面的，从关注用户体验、伦理和社会责任到创新和可持续发展。设计师需要成为技术和社会之间的桥梁，创造有意义的、以人为本的解决方案，推动技术的合理应用，并确保技术的影响对人类社会是积极的。

思 考

请谈谈在人工智能时代，设计师如何在国际合作与竞争中展现中华文化特点与优势，为我国科技事业和民族品牌发展贡献力量？

第3章

人工智能产品设计流程

在人工智能浪潮中，产品设计的流程正经历前所未有的变革。本章将深入探索人工智能产品设计流程的奥秘，从规划、范围定义，到数据收集、设计构想，再到测试评估与最终完成，每一步都融合了人工智能的智慧与工业设计的艺术。我们将对比 AI 设计与传统设计的异同，揭示 AI 设计目标的多元分类，并一同探讨用户体验与市场反馈如何推动设计的持续优化。

3.1　设计之前：设计规划与准备

3.1.1　AI 设计与传统设计流程对比

传统设计和 AI 设计在设计前的准备阶段都需要明确目标、定义范围、评估风险和进行前期调研。由于 AI 设计涉及数据和机器学习模型，所以有额外的考虑因素和步骤。

（1）设计规划

传统设计流程：通常从项目的业务需求、目标和预期开始，包括预算、时间表和资源计划。

AI 设计流程：除了传统的规划因素，还需要考虑数据的获取、模型的选择、训练资源（如计算能力）和其他与 AI 实施相关的考虑。

（2）范围定义

传统设计流程：明确产品或服务的功能、目标用户、交付物和里程碑。

AI 设计流程：除了传统的范围，还需要确定数据的范围、模型的复杂性和预期的性能标准。

（3）目的确认

传统设计流程：明确设计的核心目的，如解决用户的哪些问题或满足哪些需求。

AI 设计流程：除了传统的目的，还要考虑 AI 的特定目的，如预测、分类、推荐等。

（4）前期调研

传统设计流程：可能涉及市场调研、用户调查和竞品分析。

AI 设计流程：除了上述调研，还需要进行数据的调研，了解数据的质量、完整性和可用性。

（5）风险评估

传统设计流程：考虑可能的技术、资源和市场风险。

AI 设计流程：除了传统的风险，还需要考虑与数据和模型相关的风险，如数据偏见、模型过拟合和公平性问题。

（6）伦理和隐私

传统设计流程：考虑用户隐私和数据安全的问题。

AI 设计流程：这方面的考虑更加复杂，因为不仅需要考虑数据的隐私，还需要考虑模型可能的偏见和歧视。

（7）利益相关者沟通

传统设计流程：与项目的利益相关者沟通，如客户、用户、开发者和其他团队成员。

AI 设计流程：除了上述相关者，还可能需要与数据科学家、机器学习工程师和伦理专家沟通。

3.1.2　AI 设计与传统设计在设计之前的相同与差异

在 AI 设计流程与传统设计流程中，设计之前的准备阶段都涉及对项目的深入了解，确保项目目标的明确性和可行性。由于两者的性质和目标不同，这两种设计流程在设计之前的准备阶段也各有独特之处。

（1）相同之处

① 两者都需要明确项目的目标和范围。

② 与用户和利益相关者进行交流和反馈是关键。

③ 都需要进行可行性和概念验证。

（2）不同之处

① AI 设计流程对数据的依赖远大于传统设计流程。数据的质量、可用性和完整性在 AI 设计项目中至关重要。

② AI 设计需要特别关注技术和模型的选择，而传统设计更多地关注用户体验和界面设计。

③ 由于 AI 的特性，伦理和隐私问题在 AI 设计中具有更高的优先级。

尽管传统设计和 AI 设计在设计之前的准备阶段都需要进行深入的规划和分析，但由于两者的核心目标和工具的不同，因此它们在准备阶段的重点和考虑因素也略有不同。

3.2　设计初期：数据收集与问题分析

3.2.1　AI 设计与传统设计初期的相同与差异

在设计之初，传统设计和 AI 设计都强调数据收集和问题分析的重要性，但它们的焦点、深度和方法有所不同。以下是两者在设计初期的相似与不同之处。

（1）相同之处

① 以用户为中心：无论是传统设计还是 AI 设计，都强调了以用户为中心。这意味着在开始任何设计活动之前，都需要对目标用户进行深入的了解。

② 数据收集的重要性：两种设计方法都依赖数据来驱动决策。这可能涉及用户访谈、调查、观察或其他形式的研究。

③ 问题的识别与定义：在开始设计之前，都需要明确要解决的问题或机会。

（2）不同之处

① 数据的性质

传统设计：数据通常是关于用户需求、偏好、行为和痛点的定性数据。例如，通过用户访谈了解他们使用某个应用时遇到的问题。

AI 设计：除了定性数据，还需要大量的定量数据来训练和验证模型。例如，要建立一个图片识别系统，可能需要标注成千上万张图片。

② 数据的来源与处理

传统设计：数据主要来自用户调研、市场研究和行为分析。

AI 设计：数据可能来自数据库、传感器、日志文件等，并且需要进行数据清洗、预处理和转换。

③ 技术考虑

传统设计：技术考虑涉及可用的工具、平台和资源。

AI 设计：还需要考虑算法、计算资源、模型类型等。

3.2.2　实践案例解析

案例 1：餐厅推荐应用设计（图 3-1）

① 传统设计流程

数据收集：进行用户访谈，了解用户在选择餐厅时的考虑因素，如价格、口味、地点等。

问题分析：基于用户的反馈，识别他们在找到合适餐厅时的主要障碍。

② AI 设计流程

数据收集：除了用户访谈，还需要收集大量的餐厅数据、用户评价、位置数据等。

问题分析：确定如何使用机器学习来为用户提供个性化的餐厅推荐。这可能涉及协同过滤、内容基础的推荐算法等。

案例 2：智能家居控制系统设计（图 3-2）

① 传统设计流程

数据收集：与用户进行访谈，了解他们希望通过控制系统控制哪些家电、控制方式和场景。

图3-1 餐厅推荐应用设计

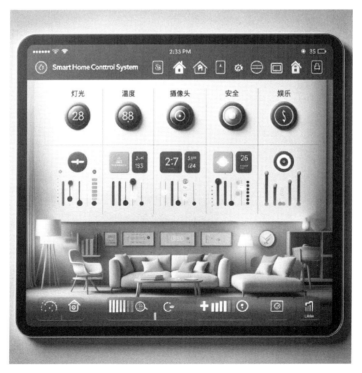

图3-2 智能家居控制系统设计

问题分析：识别用户在使用普通家居控制系统时遇到的痛点，如操作复杂、不能满足某些特定需求等。

② AI 设计流程

数据收集：除了用户访谈外，还需要搜集用户的操作历史、家电状态和数据、家庭环境数据等信息。

问题分析：决定如何使用 AI 来预测用户的需求，自动化家中的设备操作，如自动调节温度、光线等。

案例 3：健康追踪应用设计（图 3-3）

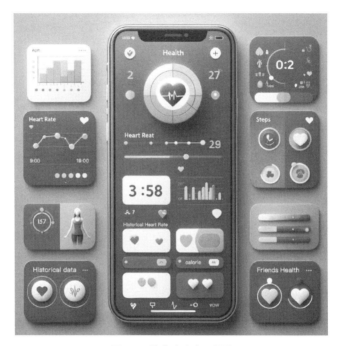

图3-3　健康追踪应用设计

① 传统设计流程

数据收集：访谈用户，了解他们希望追踪哪些健康指标、提供什么样的提醒和报告。

问题分析：识别用户在记录和追踪健康数据时的困难，如数据录入麻烦、不知道如何解读数据等。

② AI 设计流程

数据收集：除了用户访谈，还需收集大量的健康数据、历史记录、生物指标等。

问题分析：如何使用 AI 分析这些数据，为用户提供有关他们健康状况的预测、建议和提醒。

在这三个场景中可以看到，传统设计和 AI 设计都需要对用户进行深入的了解，但 AI 设计需要处理和分析的数据量和复杂性都大大增加。尽管传统设计和 AI 设计都强调数据驱动的决策和用户中心的方法，但由于 AI 的特性，其数据收集和问题分析的深度、范围和复杂性都有所增加。

3.3 设计中期：设计构想、概念生成

3.3.1 AI 设计与传统设计中期的相同与差异

（1）相同之处

设计的中期通常是一个转折点，其原始的思路和想法被转化为更具体和可行的设计概念。在设计的中期，无论是传统设计还是 AI 设计，都集中于设计构想、概念生成和概念执行。不过，由于 AI 的加入，这些过程的实现和重点会有所不同。

① 目标明确。无论是传统设计还是 AI 设计，都需要清晰地定义设计的主要目标和预期效果。

② 迭代的过程。两者都采取迭代的方式，基于反馈和测试结果来完善设计。设计的中期通常涉及多次迭代和反馈，以完善概念并确保其可行性。

③ 以用户为中心。在设计中期，无论哪种设计方法，用户的需求和体验始终是中心。两种方法都重视用户体验，确保设计是直观的、易于使用的，并满足用户的需求。

④ 用户参与。用户测试和反馈在这两种流程中都是关键。

⑤ 对功能性的关注。无论是工业设计还是其他设计领域，功能和效用始终是设计过程中的核心考量。在工业设计中，这一点尤为突出，因为形式和功能的完美结合是实现产品价值的关键。

（2）不同之处

① 设计构想的来源

传统设计：来自人的直觉、经验和创意。

AI 设计：AI 可以为设计师提供数据驱动的洞察，帮助识别用户的模式和趋势。

② 概念生成

传统设计：基于设计师的经验、研究和用户反馈，以及用户需求、市场研究和现有技术，设计师会提出多个概念或原型。

AI 设计：AI 工具可以自动生成设计概念，或提供基于数据的建议和指导。分析大量的数据来辅助或自动生成设计概念，例如通过分析用户数据来生成更符合用户需求的设计。

③ 用户参与

传统设计：在传统的设计过程中，用户的参与主要集中在需求收集、反馈以及最终验收

的阶段。设计师在与用户沟通之后，创建设计草图和原型，用户在某些关键节点上给出反馈。尽管设计师可以为每个项目创建定制的设计，但这通常需要更多的时间和努力。设计的迭代通常需要设计师手工进行修改，这可能需要更多的时间。用户通常不需要了解设计工具或技巧，他们只需与设计师沟通自己的需求和反馈。基于设计师的技能和经验，输出结果相对稳定和可预测。

AI 设计：AI 驱动的设计可能允许用户更加实时和动态地参与。用户可以实时调整某些参数或提供反馈，AI 系统会立即生成相应的设计输出。利用 AI 技术，设计系统可以根据用户的偏好、行为和输入快速生成大量的定制设计方案。AI 系统可以在短时间内生成大量的设计选项，并根据用户的反馈快速进行迭代。为了充分利用 AI 驱动的设计工具，用户可能需要学习如何与系统交互、如何调整参数等。AI 生成的设计可能具有一定的随机性或出人意料的元素，这可能导致结果的可预测性较低，但却可生成一些出人意料的惊喜结果，提高吸引力，引起用户的参与兴趣与好奇心。

④ 概念评估

传统设计：通常通过用户测试、专家评审或模拟来评估设计概念。

AI 设计：可以使用 AI 算法预测设计概念的成功率、用户接受度等。利用 AI 进行数字仿真和模拟，自动检测概念设计中的潜在问题，或者优化设计以达到更好的性能或生产效益。利用 AI 进行模拟和验证，例如使用 AI 进行强度、耐用性或流体动力学的模拟。

⑤ 概念执行

传统设计：使用手工或传统工具来进行原型制作、物理模型测试和迭代修改。

AI 设计：使用 AIGC 工具来自动创建或优化设计原型。

⑥ 材料和制造工艺

传统设计：设计师根据经验选择材料和考虑制造工艺。

AI 设计：AI 可以预测最佳的材料组合、制造工艺、产品配色等，或者优化设计以适应特定的生产条件。

3.3.2　实践案例解析

案例 1：新式咖啡机设计（图 3-4）

① 传统工业产品设计流程

设计构想：基于市场研究和用户需求，决定设计一台简洁、节能的咖啡机。

概念生成：设计师绘制多个草图，选择一个设计进行进一步开发。

概念执行：制作原型，进行物理测试，如温度控制、水流速度等，并根据测试结果进行迭代修改。

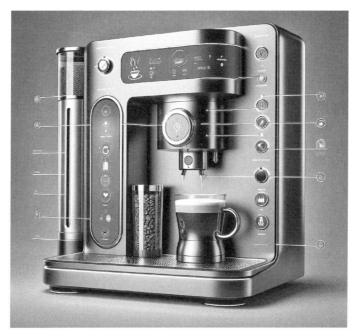

图3-4　新式咖啡机设计

② AI 辅助的工业产品设计流程

设计构想：利用 AI 分析市场数据和用户反馈，确定设计一个能够快速制作并自动清洁的咖啡机。

概念生成：使用 AI 工具自动生成多个设计草图，基于模拟和预测选择一个最佳设计。

概念执行：使用 AI 进行数字仿真，如咖啡温度、压力等，自动优化设计。同时，AI 帮助选择最佳的材料和制造工艺。

案例 2：新式移动应用界面设计

① 传统设计流程

设计构想：基于前期的研究和洞察，设计师产生一个关于应用布局和功能的直觉和想法。

概念生成：设计师创建多个界面草图，展现不同的设计方向。

概念执行：选择一个或几个草图进一步细化，使用设计工具创建详细的界面原型。

② AI 设计流程

设计构想：AI 分析了大量的用户数据，提供了关于用户喜好和行为的洞察，这为设计提供了方向。

概念生成：使用 AI 工具自动生成界面设计草图，基于数据提供的建议，使用生成对抗网络（GAN）自动生成界面设计草图。

概念执行：AI 工具可以自动调整和优化设计原型，确保最佳的用户体验。

案例 3：新型无线耳机设计（图 3-5）

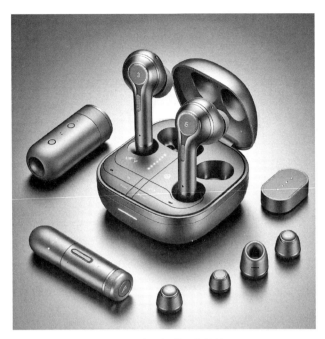

图3-5　新型无线耳机设计

① 传统设计流程

设计构想：创建一个轻巧、耐用且外观独特的无线耳机。

概念生成：基于市场趋势、现有技术和用户需求，设计师产生几种不同形态和功能的设计。

概念执行：选择最有前景的设计进行细化，选择合适的材料制作原型并进行测试。

② AI 设计流程

设计构想：利用传感器和 AI 技术为用户提供更个性化的听音体验。

概念生成：AI 工具可以根据已有的耳机设计数据，自动生成新的设计概念或优化现有概念。

概念执行：使用 AI 驱动的模拟工具进行声学和结构模拟，选择最佳的材料和生产工艺。

在以上案例中可以看到，传统设计主要关注用户界面和交互的设计，而 AI 设计则同时考虑了数据和算法的应用。传统设计方法和 AI 设计方法都涉及对产品功能、形态和用户需求的深入考虑，但 AI 设计方法更加依赖数据分析和模拟来辅助设计决策。以上案例展示了如何结合传统的工业设计技巧和 AI 工具来更高效、准确地进行产品设计。AI 不仅可以优化设计过程，还可以预测用户需求和市场趋势，为产品带来更大的竞争优势。尽管传统设计和 AI 设计在设计中期都关注构想、生成和执行的过程，但 AI 为这些步骤提供了数据驱动的指导和自动化的工具，使设计更加精确和高效。

3.4 设计后期：测试、评估、改进

3.4.1 AI设计与传统设计后期的相同与差异

当我们谈论设计时，无论是产品设计、建筑设计还是其他领域，设计流程通常都包括初步设计、详细设计、测试评估和迭代改进等阶段。随着AI的介入，设计流程也开始发生改变，特别是在设计的后期阶段。设计是一个复杂的过程，涉及多个阶段，从最初的概念到最终的产品或解决方案的实现。传统设计流程与基于人工智能的设计流程在设计后期有一些明显的相似之处和不同之处。传统设计流程与利用人工智能进行设计的流程在设计的后期都重视设计的测试、评估与改进。但是，两者在执行这些步骤时的方法、工具和策略上存在显著差异。核心目标都是确保设计满足既定的功能、美学和商业需求。

（1）传统设计流程的后期阶段

① 设计测试：这是一个评估设计功能和效果的过程。例如，在产品设计中可能会制造出一个原型来进行实际测试。通常涉及原型制作、模拟测试和用户体验测试等。这些测试的目的是确认设计是否满足初始的需求和标准。对于物理产品，可能需要在实际环境中进行测试，如建筑或汽车模型的风洞测试。

② 设计评估：基于测试结果，评估设计是否满足了项目的需求和标准。这通常涉及对设计进行主观和客观的评估，可能需要外部专家或用户群体的反馈。邀请行业内的专家或经验丰富的设计师来评估设计的合理性、创新性和实用性。

③ 设计改进：根据测试和评估的反馈，对设计进行必要的修改和优化。传统流程中设计师、工程师和其他团队成员会进行多次会议和讨论，以确保设计在所有方面都是合适的。

（2）利用AI进行设计的后期阶段

① 设计测试：AI可以快速模拟各种场景，评估设计在不同条件下的性能。例如，通过AI模拟可以快速评估建筑设计在不同气候条件下的热效应。在AI设计流程中，可能使用到深度学习、强化学习或遗传算法等高级技术来进行测试和优化，而传统设计方法可能主要依赖经验和标准化的测试工具。AI可以通过模拟和虚拟环境来进行数百次、数千次或数万次的测试，而无需制造实际的物理原型。这种方法通常更快速、更经济，并能够提供广泛的测试情景。

② 设计评估：AI可以使用大量的数据对设计进行评估，确保它满足预定标准。例如，AI可以分析成千上万的用户反馈，快速确定设计的优缺点。基于大量的数据和先前的设计经验进行快速和客观的评估。例如，AI可以评估网站设计的用户交互性，基于用户的点击率、停留时间等数据。直接与潜在用户交互，了解他们的需求和对设计的反馈。预测某一设计方案可能的市场表现、生产成本和潜在风险。

③ 设计改进：基于 AI 的分析和建议，设计师可以迅速进行修改。此外，AI 还可以为设计师提供优化建议，比如如何提高产品的耐用性和效率。AI 可以协助团队进行协同设计，例如，通过提供实时反馈，或通过自动完成某些设计任务来加速迭代和改进过程。

3.4.2　实践案例解析

案例1：椅子的设计（图3-6）

图3-6　椅子的设计

在传统设计中，设计师可能会制造出椅子原型，让一群人试坐，然后根据他们的反馈进行改进。但在 AI 设计中，可以通过模拟软件来测试椅子的结构强度，使用传感器数据来评估人们坐在上面的舒适度，并通过大量的用户反馈来快速评估设计。

案例2：建筑设计

在传统的设计流程中，建筑师可能会创建一个或多个设计概念，然后使用软件工具（如BIM）来模拟光照、通风和能源效率。基于这些结果，设计师会手动调整设计。

在 AI 驱动的设计流程中，系统可以自动生成数百个建筑设计方案，并自动模拟每一个方案的性能。系统还可以根据预设的优化目标（例如最大化日光或最小化能源消耗）自动进行迭代和改进。

案例3：智能咖啡机设计

① 传统设计流程

设计测试：制作咖啡机原型，并进行实际的咖啡制作测试。

设计评估：邀请用户使用并提供反馈，同时由团队内的专家进行审查。

设计改进：基于用户的反馈和专家审查，对咖啡机的设计进行改进。

② AI 设计流程

设计测试：除了制作原型进行实际测试，还可以使用 AI 模拟咖啡的制作过程，预测咖啡的口感等。

设计评估：收集用户使用过程中的数据，如操作时间、选择模式等，并通过 AI 进行分析。

设计改进：基于 AI 的分析结果，自动识别用户使用中的困难点，并提出改进建议。

案例 4：新型户外运动鞋设计（图 3-7）

图3-7　新型户外运动鞋设计

① 传统设计流程

设计测试：制作几种不同的鞋子原型，让用户在不同的地形和条件下进行测试。

设计评估：收集用户的反馈，对鞋的舒适度、耐用性和抓地力进行评估。

设计改进：基于反馈，对鞋子的材料、结构和设计进行调整。

② AI 设计流程

设计测试：除了实际的用户测试，还可以使用 AI 模拟鞋子在各种极端条件下的性能。

设计评估：使用 AI 分析所有收集到的用户数据，提供对鞋子性能的详细评估。

设计改进：除了基于用户反馈进行改进，还可以使用 AI 工具自动优化鞋子的某些设计参数，如鞋底的厚度或鞋带的位置。

利用 AI 进行设计能够大大提高设计的效率和质量，但它不能完全替代设计师的直觉和经验。尽管 AI 提供了许多先进的工具和方法，但人类的直觉、创造力和专业知识仍然在设计过程中起到至关重要的作用。两种方法结合使用可能会产生最好的结果。利用 AI 的设计流程通常更为高效、客观和准确。然而，无论使用哪种流程，设计的核心目的始终是满足用户和业务的需求，同时保持设计的创意性和独特性。

3.5　设计完成：用户体验测试与评价、市场反馈与改进

在产品设计完成后，对产品进行用户体验测试与评价、市场反馈及后续改进是至关重要的，以确保产品能够成功地在市场中获得接受和成功。在设计完成阶段，关键点是评估设计是否满足了既定的要求和目标，以及收集用户和市场的反馈，进而决定是否需要进一步的迭代和改进。以下是传统设计流程与 AI 设计流程在这一阶段的对比。

（1）AI 设计与传统设计在设计完成阶段的相同之处

① 用户体验测试与评价：两种设计方法都强调了对用户的体验进行测试和评价的重要性。

② 市场反馈与改进：无论是传统设计还是 AI 设计，收集市场反馈并基于该反馈进行优化和改进都是必不可少的。

（2）AI 设计与传统设计在设计完成阶段的不同之处

① 用户体验测试与评价

传统设计：通常依赖现场用户测试、问卷调查、焦点小组等方式来收集用户反馈。

AI 设计：可以使用 AI 工具自动跟踪和分析用户的交互数据，识别用户在使用产品时可能遇到的问题，并自动提出优化建议。例如可以使用 AI 工具自动收集和分析用户的行为数据、眼动追踪和情感分析，从而更加精确和快速地评估用户体验。

② 市场反馈

传统设计：收集市场反馈通常需要一段时间，通过销售数据、客户反馈和市场调查来进行。通过问卷、访谈、市场调查来手动收集和分析市场反馈。或者在特定的市场或区域发布产品，以获得真实的市场反馈。

AI 设计：AI 可以实时分析大量的用户数据和市场反馈，快速识别市场的变化和新的用户需求。自动分析在线评价、社交媒体反馈和销售数据，提供更全面和及时的市场洞察。

③ 设计改进

传统设计：基于市场反馈和用户体验测试的结果，设计团队会进行产品的改进和优化。

AI 设计：AI 不仅可以自动提供改进建议，还可以自动进行某些设计的迭代和优化，例如对用户界面进行自动优化。

AI 在设计完成后的阶段为设计师提供了更快速、准确的工具和方法来进行用户体验测试、收集市场反馈和进行设计改进。但是，设计师的直觉、经验和对用户的深入理解仍然是不可

或缺的，尤其是在解释和执行 AI 提出的建议时。

人工智能设计流程与传统设计流程存在一些共同之处，但也有其独特的步骤和挑战。讲究在传统设计流程的基础上，利用新的人工智能技术。

AI 设计通常是数据驱动的，有效、准确和充分的数据是至关重要的，因为数据决定了模型的质量和性能。传统设计更多的是功能驱动的，关注实现特定的功能和需求。传统设计流程通常以用户需求为起点，关注功能、界面和用户体验。AI 设计流程除了上述考虑，还需要考虑数据的可用性和质量，除了 UI 和 UX，还涉及数据准备、模型选择、训练和验证等环节，因为这是 AI 解决方案的基础。

AI 设计模型的行为和决策可能具有一定的不确定性，特别是对于复杂的深度学习模型。传统设计输出通常是确定的和可预测的，基于明确的逻辑和算法。

在设计结果测试和验证方面，传统设计流程通常关注功能、性能和用户体验的测试。AI 设计流程除了上述测试，还需要对模型的准确性、偏见、公平性等进行验证。

在设计工具和技能方面也有所差别，传统设计使用图形设计或原型设计工具。AI 设计除了使用传统工具，还可能需要使用数据科学和机器学习工具。

在产品更新改进与迭代方面，传统设计流程基于用户反馈和使用情况进行产品迭代。AI 设计流程除了上述反馈，还需要根据模型性能和新数据进行模型的迭代。

尽管存在这些差异，但两种设计流程共同目标都是创建对用户有价值的、高效的、可用的和愉悦的产品或服务。随着 AI 技术进一步整合到日常产品和服务中，这两种设计流程可能会更加接近和交织。虽然 AI 设计流程和传统设计流程都关注于提供高质量的产品和服务，但 AI 设计由于涉及机器学习模型和数据，所以更加复杂，需要更多的技能和工具。

思 考

在人工智能设计流程中，设计师应如何弘扬中华优秀传统文化，将民族文化元素融入人工智能产品设计，以提升产品文化内涵？

第 4 章

人工智能产品设计的技术支撑

在人工智能的浪潮中，设计师需要掌握哪些新的设计方法和工具？本章将为你揭晓这个谜团。我们将深入探讨人工智能产品设计的核心方法，包括数据处理技术以及其他新技术和新算法，探讨这些方法和技术的运用，将如何影响设计过程和结果。我们将揭示智能硬件和智能软件如何成为设计师的新伙伴，以及这些工具如何帮助设计师更好地实现创意。在本章中，你将了解到最前沿的设计技术和工具，以及如何运用它们来创造独特的人工智能产品。

4.1 人工智能产品设计技术

4.1.1 数据处理

传统设计与 AI 设计在数据分类、获得和应用方法上都存在显著差异。然而，两者的目的都是更好地满足用户需求和市场趋势。随着 AI 的发展，设计师需要掌握这些新的工具和方法，以更好地适应现代的设计环境。如图 4-1 所示，AI 设计通过数据的精准分析与利用，可以创造新的价值，帮助产品设计、开发与体验，帮助企业、客户、合作伙伴优化产品性能。

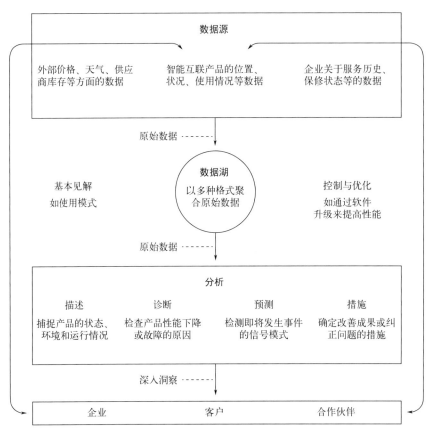

图4-1 智能互联产品如何改变企业

4.1.1.1 传统设计流程中的数据处理

（1）数据分类

① 按照数据性质分类

定性数据：用户访谈、用户反馈、情境观察、用例研究、人物角色设计意见、概念验证、市场调查结果等。

定量数据：市场调查结果、销售数据、用户调查问卷统计、可用性测试结果等。例如尺寸、颜色值、材料的物理属性（如强度、密度）等。

参考数据：历史案例、已存在的设计、竞品分析等。

② 按照数据对象分类

用户数据：包括用户需求、用户反馈、使用习惯等。

市场数据：市场趋势、竞争对手信息、销售数据等。

技术数据：材料属性、生产过程、技术限制等。

（2）数据的获得途径

① 按照数据层级关系分类

初级研究：如观察、访谈、焦点小组讨论等。在访问现场或实验室进行实物测量或观察。

次级研究：如文献回顾、已有的市场研究报告、过去的设计项目资料等。通过问卷、访谈等形式收集用户的反馈和需求。

② 按照数据获得场景分类

现场调查：如用户访谈、使用观察等。

市场研究：如销售数据分析、市场调查等。

技术文档：如生产线资料、材料手册等。

（3）数据的应用方法

洞察发掘：通过分析定性数据，找到用户的需求和痛点。

市场定位：通过分析定量数据，确定产品的目标市场和用户群。

概念生成：使用收集到的数据来生成新的设计概念。

细节完善：根据技术和市场数据调整产品细节。

原型开发：基于量化数据制作产品原型。

4.1.1.2 人工智能设计流程中的数据处理

（1）数据分类

结构化数据：数据库中的信息、销售数据、网站流量统计、产品规格、销售数据、用户互动数据等。

非结构化数据：社交媒体评论、用户反馈、图像、视频等。

时间序列数据：用户行为日志、传感器数据等。

训练数据：用于训练机器学习模型的数据，可能来源于历史案例、模拟数据或现有产品的数据。

反馈数据：用户与 AI 互动产生的数据。

模拟数据：AI 模拟测试中产生的数据。

（2）数据的获得途径

自动数据采集：通过各种传感器、用户行为跟踪等自动获得数据。

开放数据集：互联网上可获得的大量公开数据集，如用户在线反馈、社交媒体互动、网站浏览数据等。

迁移学习：利用已有模型在新数据上进行训练。

数据市场：购买或获取开源的大型数据集。

（3）数据的应用方法

预测模型：利用历史数据预测未来趋势或用户行为。

数据驱动的设计：基于数据分析结果进行产品设计。

模式识别：通过 AI 识别数据中的模式或关系。

个性化推荐：根据每个用户的数据为其推荐个性化的内容或产品。

自动化设计：使用 AI 工具自动生成设计草图或概念。

4.1.1.3　两种方式在数据获得与应用方面的对比

数据分类：传统设计更多地依赖定性数据和部分定量数据，注重直观的和手动收集的数据，从现实世界获取数据，如用户、市场和技术。而 AI 设计更注重结构化和非结构化数据，尤其是大数据，更侧重从数字世界获取数据，如训练、模拟和反馈。

数据的获得途径：传统设计中，数据主要通过人工方式收集。而 AI 设计中，数据采集更自动化，更依赖技术手段和线上平台，能快速处理大量数据。

数据的应用方法：传统设计中，数据主要用于洞察发掘和市场定位，指导和验证设计方向。而在 AI 设计中，数据不仅可以用于上述这些，还可以直接驱动设计决策、预测和个性化推荐，可以直接用于生成设计或预测设计效果。

4.1.1.4　智能输入与输出方式

随着技术的进步，智能输入与输出方式为艺术与设计领域带来了前所未有的机会和挑战。数据的获取和利用成为设计师们新的"画布"，通过其可以展现更丰富的创意和视觉效果。以下将从艺术与设计的视角深入探讨智能输入与输出方式，特别关注数据的获得与应用过程中的设计原则和挑战。我们将探索如何将这些技术与艺术手法相结合，为用户带来更加人性化和沉浸式的体验。

（1）数据的获得与应用的艺术设计探索

随着技术的进步，数据已经渗透到日常生活的各个方面。智能输入与输出方式不仅为我们提供了与设备互动的新方式，还为艺术和设计领域开辟了新的创新空间。

（2）智能输入：捕捉细微之感

① 传统输入方式与现代输入方式的对比。传统输入方式，如键盘、鼠标，限制了人与设备之间的互动方式。现代输入方式，如触摸屏、语音识别、眼球追踪，提供了更加直观和自然的交互体验。例如，感应技术利用各种传感器，如触摸、声音、手势等进行输入，视觉识别通过摄像头捕捉和识别对象、脸部或运动，生物识别如指纹、虹膜扫描等，语音识别和自然语言处理允许用户与设备进行自然对话。

② 从艺术与设计的角度看智能输入。通过捕捉细微的手势和声音，为艺术创作提供更加丰富的灵感来源。利用数据分析，理解用户的需求和习惯，为设计提供有力的支持。

（3）智能输出：沉浸式体验的创造

① 传统与现代输出方式的对比。传统方式，如显示器、喇叭，提供了有限的输出能力。例如，打印、雕刻和手工制作，2D 显示技术如 CRT 和 LCD 显示技术。现代方式，如 VR、AR、触觉反馈，为用户提供了沉浸式的体验。例如，增强现实与虚拟现实创建沉浸式体验，融合真实世界与数字界面；3D 打印将数字设计转化为实体物品；智能屏幕与投影提供动态、互动的视觉体验；声音与触觉反馈创造多感官体验。

② 从艺术与设计的角度看智能输出。利用新的输出方式，为用户提供更加丰富和多样的视觉、听觉和触觉体验。结合艺术和技术，创造出独特的作品，如 VR 艺术展览、3D 声音雕塑等。

（4）数据的获得与应用：设计的核心

① 数据的获得。利用各种传感器和设备，实时捕捉用户的行为和环境数据。通过数据分析，洞察用户的需求和习惯。

② 数据的应用。利用数据驱动的设计方法，为用户提供更加个性化和精准的服务。结合艺术和算法，创造出独特的作品，如数据可视化艺术、算法音乐等。

③ 数据驱动的设计思考。利用输入的数据进行设计决策，如用户行为分析、情感识别等。利用算法和机器学习进行自动化设计和优化。

智能输入与输出方式为艺术与设计带来了新的视角和工具。数据的获取和应用已经成为现代设计的核心，帮助设计师突破传统的限制，开创更广阔的创意天地。未来，我们期待更多的技术与艺术的融合，为人类带来更加丰富和有趣的体验。

大数据与深度学习成就了现在的人工智能。大数据是人工智能的基础，通过大数据的收集、分析为人工智能提供素材，机器基于素材的积累实现深度学习——以人的思维方式思考、解决问题。人工智能为设计带来了大量新的数据来源和处理方法，能够更快速、精确地处理数据，从而更高效地进行设计决策。而传统设计流程则更注重实地、直观和人为的数据收集和应用。

随着技术的进步，数据在设计中的角色变得越来越重要。AI 为设计师提供了强大的工具，但同时也要求他们具备更高的数据素养。设计师不仅要了解如何获得和应用数据，掌握新的工具和方法，以更好地适应现代的设计环境，还要学会批判性思考，确保数据的质量和可靠性。

4.1.2　新技术

在未来的设计领域，多种新技术和新方法将改变设计的方式和产出。以下是一些关键的技术，以及对这些技术的详细介绍和相关示例。

4.1.2.1　智能制造

（1）3D 打印与生物打印技术

3D 打印是一种制造技术，允许从数字模型直接创建三维实物对象，简化了从设计到原型的过程，提供了更高的定制性和速度。使用生物材料，如细胞和胶原蛋白，通过 3D 打印技术创建组织和器官。生物打印技术正引领医学和生物技术设计领域的一场革命。这项技术有潜力替代传统的器官移植，通过 3D 打印技术制造出可供移植的器官。此外，它还能实现定制化的人体模型，用于药物测试，从而提高药物研发的安全性和有效性。同时，生物打印技术使得定制生物材料和治疗方案成为可能，为患者提供更为个性化的医疗选择。随着这些技术的发展，医学治疗和生物技术设计将经历翻天覆地的变化（图 4-2）。

设计师可以快速为客户制作定制的饰品或部件，或在时装设计中制作特殊的饰品和配件。例如，Nike 使用 3D 打印技术制造定制的运动鞋鞋垫，某些医疗机构使用此技术打印定制的假肢。设计师设计的特别的珠宝样式，顾客可以直接用 3D 打印机打印出来，得到独一无二的产品。

（2）四维打印

创建能随时间改变形状或属性的物体的技术。四维打印不仅是三维打印的逻辑延伸，更是其对时间维度的探索。这一技术的核心在于制作出的物体能随时间而改变形状或性质。

四维打印可应用于适应环境变化的服装、自适应建筑结构、医疗设备、智能衣物、自适应家具、生物医学应用等。四维打印为设计师提供了动态和自适应设计的机会，允许他们设计能够随时间和条件变化的产品；为设计师提供了一个全新的设计维度，他们可以设计既基于空间又基于时间的产品和解决方案（图 4-3）。

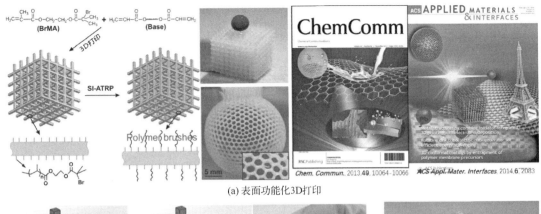

(a) 表面功能化3D打印

(b) DLP多材料切换装置示意图

(c) 紫外辅助固化增材制造装置

图4-2　3D打印的应用

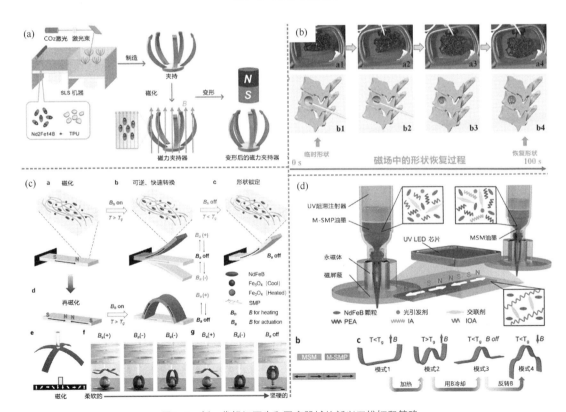

图4-3　新一代组织再生和医疗器械的新兴四维打印策略

开发这种打印技术的关键是"智能"材料。这些材料在外部刺激下会发生预设的变形或颜色变化。近年来，研究者已经成功制作了多种可以折叠、扭曲、扩张或收缩的结构，且响应速度和准确性都在不断提高。

① 艺术与设计中的应用

动态雕塑与展览：四维打印为艺术家提供了制作动态、自适应艺术品的能力。观众不再是静态的观察者，他们可以亲眼看到艺术品随时间和环境而变化。

服饰设计：设想一个外套，它能在寒冷时自动增加厚度，而在温暖时变得薄而透气；或者鞋子能根据人的脚部形态进行自适应调整。

家具与室内设计：随着时间或使用场景的变化，家具能自动适应和变形。例如，一张桌子可以根据需要扩展或收缩。

交互式产品设计：产品可以更加智能地与用户互动，如自适应用户的使用习惯、环境条件或其他外部刺激。

② 存在的技术难题

虽然四维打印的潜力巨大，但仍有许多技术挑战需要克服，如提高打印精度、开发新的智能材料等。

设计思维的转变：对于设计师来说，四维打印不仅仅是一种新的制造方法，更是一种全新的设计思维。设计师不仅需要考虑物体的三维形态，还要考虑其随时间变化的动态特性。

社会与伦理考量：随着技术的发展，可能会引发新的社会和伦理问题，如隐私、安全或对环境的影响。

四维打印是一个正在崭露头角的领域，它为艺术和设计带来了前所未有的机遇。尽管还存在技术和思维上的挑战，但随着研究的深入和实践的积累，这一技术有望开创艺术与设计的新纪元。

（3）自主机器人和机器人工艺

自主机器人是具备一定自主决策能力的机器人，能够在没有外部指导的情况下完成任务。而机器人工艺则是指利用机器人技术进行创作的艺术。机器人能够进行自主学习和操作，不再受限于预先编程的任务。随着技术的进步，自主机器人不再仅限于工业生产线，它们逐渐渗透到我们的日常生活和创意产业中（图4-4）。

① 自主机器人在设计中的应用

可应用于灾难救援、家居助理、高危作业场所（如深海和太空探索）等领域。自主机器人可以实现更多复杂的设计构想，如能自我组装和维护的建筑结构，或者个性化的家居设计。

建筑设计：自主机器人可用于创建复杂、精细的建筑结构，可以快速地按照设计师的设计图进行建造，无需人工干预。

图4-4 波士顿动力公司的Atlas人形机器人

产品设计：利用自主机器人，设计师可以实现更为复杂的设计理念，从而创造出前所未有的产品形态和功能。

虚拟设计：自主机器人还能在虚拟环境中进行设计，为设计师提供了一个全新的、无限制的创作空间。

② 机器人工艺重塑艺术

机器人雕塑：机器人能够精确地按照艺术家的设计进行雕刻，创造出令人叹为观止的作品。

动态艺术：机器人工艺也为艺术创作带来了动态性，艺术家可以设计出能够移动、改变形态的艺术品。

跨媒体艺术：机器人工艺与其他媒体（如灯光、音乐）的结合，为艺术家提供了更为丰富的表现手法。

③ 艺术与设计的交互

自主机器人与机器人工艺之间的交互为艺术与设计带来了无限的创新可能。设计师可以从艺术家的作品中获得灵感，而艺术家也可以利用设计中的技术进行创作。

④ 未来展望

随着技术的进步，自主机器人与机器人工艺的结合将为艺术与设计开创全新的领域。它们不仅将帮助艺术家和设计师实现他们的创意，还将为普通人带来前所未有的艺术与设计体验。

自主机器人与机器人工艺的结合为艺术与设计带来了革命性的变革。它们之间的交互为创作者提供了无限的创作空间，同时也为观众带来了全新的审美体验。随着技术的不断发展，我们有理由相信，自主机器人与机器人工艺将为艺术与设计创造更加广阔的天地。

自主机器人与机器人工艺为艺术与设计的交融提供了一个全新的平台。它们为创作者提供了前所未有的工具，同时也为观众带来了独特的艺术体验。这不仅仅是技术的进步，更是艺术与设计的一次融合与革新。

（4）智能传感器

智能传感器是可以根据外部刺激（如温度、压力、电流）改变自身性质的传感器（图4-5）。智能传感器的行为可以是被动的，例如在受到刺激时改变形状；还可以是主动的，例如使用外部能源进行自我修复，允许设计师创造出先前无法实现的功能或外观。某些服装品牌已开始使用温度敏感的智能传感器制造服装，当温度变化时，服装的颜色也会发生变化。

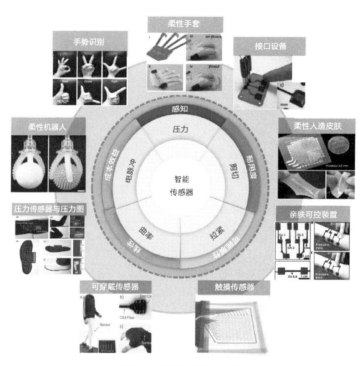

图4-5　智能传感器的应用

① 特性

自适应性：根据环境变化自动调整其特性。

多功能性：可以同时响应多种环境刺激。

可重复性：能够在多次刺激后保持其性能。

② 主要种类

形状记忆合金：可以"记住"其原始形状，并在受到热刺激时恢复。

光致变色材料：在受到光的刺激时改变颜色。

压电材料：在受到压力时产生电压。

③ 艺术与设计中的应用

交互式装置艺术：艺术家使用智能传感器创作出能够与观众互动的装置艺术，为观众带来独特的观赏体验。例如，使用温感传感器制作的雕塑可能会根据观众的触摸而改变颜色或形状。

动态时尚设计：设计师可以使用智能传感器创造出具有动态效果的服饰。比如，根据周围音乐节奏变化颜色的衣物，或是根据温度改变外观的鞋子。

建筑与室内设计：在建筑和室内设计中，智能传感器可以用于制造自适应的墙壁、窗户或家具，这些设计元素可以根据环境条件或居住者的需要进行自动调整。

产品与包装设计：在产品设计中，智能传感器为设计师提供了无限的可能性。例如，使用形状记忆合金设计的眼镜框可以根据使用者的脸型自适应调整；或是使用光敏传感器设计的食品包装，可以在暗处发光，方便消费者在夜晚找到产品。

④ 智能传感器的机遇与挑战

无限的创意：智能传感器为艺术家和设计师提供了一个全新的创作领域，他们可以利用这些传感器的独特性能创造出前所未有的作品。

可持续性：许多智能传感器都是环保的，它们可以被循环使用或生物降解。

高成本：当前，许多智能传感器的生产成本仍然较高，这可能限制了它们的广泛应用。

技术与艺术的融合：如何将高度复杂的技术与艺术完美结合是一个挑战。

智能传感器已经成为艺术与设计中不可或缺的工具。随着技术的进步，我们可以期待这些传感器将在更多的领域得到应用，为人类带来更多的美好和惊喜。

4.1.2.2　智能材料

（1）自我修复材料

自我修复材料可以在受损后自动修复，无需外部干预。这些材料的自我修复能力通常是通过内置的微观结构或化学机制实现的，例如微胶囊、纳米管或特殊的化学键。在设计世界中，自我修复材料不仅仅是一种科技创新，而是一种艺术和设计的革命。随着科技的进步，自我修复材料已经从实验室走向了现实世界，为各种产品和应用开启了新的篇章，为设计师提供了一种创造长久、可持续和适应性强的设计的方式（图4-6）。

① 应用示例

车辆和建筑结构的修复；制造长寿命的消费品；设计师将重新考虑产品的耐用性和寿命；维护和维修成本可能会降低。

② 艺术与设计的交叉

动态艺术装置：自我修复材料为艺术家创作出不断变化、永远不会损坏的装置提供了可能性。

可持续性设计：对于设计师来说，使用自我修复材料意味着产品的寿命将会延长，从而减少浪费。

适应性与响应性：自我修复材料为设计师提供了创造适应和响应用户需求的产品的机会。

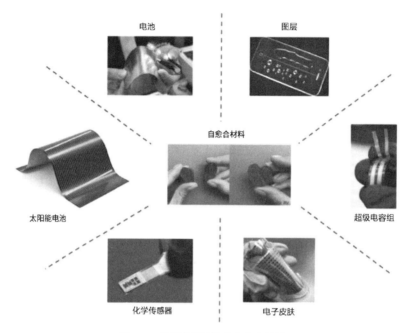

图4-6 基于离子液体的自愈合材料

建筑与家居设计：从外墙到家具，自我修复材料在建筑和家居设计中得到应用，为我们提供了更持久和自适应的居住环境。

时尚设计：在时尚领域，自我修复材料为设计师创造了永不磨损、永远闪亮的材料，开启了无限的创意空间。

交通设计：自我修复材料在交通设计中也有广泛应用，从自动修复的车漆到能够自行修复的轮胎，都极大地提高了交通工具的持久性和安全性。

③ 未来展望

新的创意空间：随着自我修复材料的不断发展，我们可以期待更多的创意应用和设计实践。

教育与传播：为了更好地理解和应用这些技术，艺术与设计教育需要与时俱进，培养新一代的设计师和艺术家。

自我修复材料为艺术与设计开辟了全新的领域，在可持续性、创意性和功能性之间，自我修复材料达到了一种完美的平衡，展示了设计的无限可能。在艺术与设计的交叉点上，自我修复材料代表了对未来的憧憬和对创意的追求。

（2）智能纺织品

智能纺织品的起源可以追溯到 20 世纪 90 年代初，随着科技进步和新材料的出现，它们逐渐进入消费市场，并在艺术和设计中占据一席之地。智能纺织品是整合了传感器、电池和其他技术的衣物和织物。智能纺织品结合了纺织品的传统属性和现代科技的功能性，为设计师和艺术家提供了一个全新的创作平台。从可穿戴技术到互动装置，智能纺织品正在重新塑造我们对物质和技术的理解（图 4-7）。

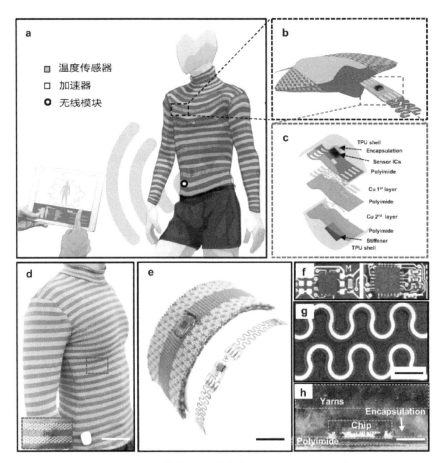

图4-7　柔性智能传感器、可穿戴传感器在纺织产品上的应用

智能纺织品可应用于健康监控、互动时尚、环境感知等领域。设计师需要考虑电子和数据的集成，同时确保服装和织物的舒适和美观。

① 设计与艺术中的应用

服饰与可穿戴技术：智能纺织品为时尚设计师提供了一个创新的平台，他们可以创建出可以改变颜色、发光或与用户互动的衣物。例如，集成 LED 和传感器的服装可以根据音乐节奏或外部环境改变其外观。

艺术装置：艺术家使用智能纺织品创造互动装置，这些装置能够感知并响应观众的存在。例如用智能纺织品制成的雕塑，在被触摸时会发出声音或发光。

建筑与室内设计：智能纺织品在建筑和室内设计中也有应用，如可以调节光线的智能窗帘，或可以根据环境温度改变其隔热性能的墙面材料。

② 技术背景

电子技术与纺织：通过在纺织品中集成电子元件，如 LED、传感器和微控制器，使得这些纺织品具有新的功能和互动性。

生物技术与纺织：生物技术的应用，如菌类或藻类，使纺织品具有生物反应性，如自我修复或呼吸。

3D 打印技术与纺织：3D 打印技术使得纺织品具有复杂的结构和功能，如内置的导线或传感器。

③ 未来展望

可持续性：随着对环境问题的日益关注，如何使智能纺织品更加环保和可持续将是一个关键问题。

教育与培训：为了培养下一代的设计师和艺术家，需要在教育中加入智能纺织品的相关课程。

新的商业模式：随着技术的发展，智能纺织品将为企业带来新的商业机会和挑战。

智能纺织品作为一个跨学科的领域，为艺术和设计带来了前所未有的机会。随着技术的进步和对可持续性的追求，这个领域仍有很大的潜力等待开发。设计师和艺术家需要不断地学习和创新，以充分利用智能纺织品带来的机遇。

（3）生物降解材料

生物降解技术是指通过生物途径分解材料，从而减少对环境的持久性影响的技术。结合生物学与设计学，开发可持续、可生物降解的材料和解决方案。生物降解技术在过去几年中取得了很大的进展，尤其在应对全球塑料污染问题上。设计师可以与生物学家合作，开发可持续和环保的解决方案（图 4-8）。

Ecovative 公司使用菌丝体制造出可生物降解的包装材料，作为泡沫塑料的环保替代品。设计一种使用特殊细菌发酵产生的生物皮革，作为传统皮革的替代品。

生物降解是指材料在自然环境中，在微生物、菌类和酶的作用下分解为无害的物质。生物降解材料不仅可分解，而且在分解过程中不会产生有毒物质。常见的生物降解材料包括 PLA（聚乳酸）、PHA（聚羟基脂肪酸酯）和 PBS（聚丁二酸丁二醇酯）等。生物降解材料在阳光、水和微生物的作用下会逐渐分解。这些材料分解后，最终转化为水、二氧化碳和生物质。

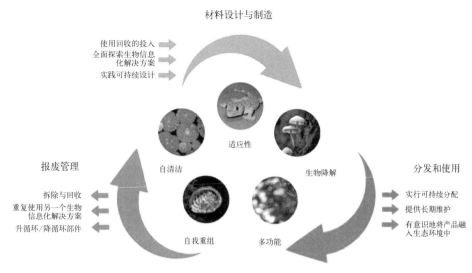

图4-8　生物信息材料

① 艺术与设计中的应用

包装设计：面对塑料污染问题，设计师越来越倾向使用生物降解材料制作环境友好的包装。这些包装既美观又实用，而且可以在使用后自然分解。

产品设计：从餐具到玩具，设计师正在探索如何用生物降解材料制作各种产品。这些产品在寿命结束后可以被更加环保地处理。

服饰设计：越来越多的时尚品牌开始采用生物降解材料，如生物降解纤维制作服装和鞋类。这为时尚产业提供了一种更加可持续的方法。

家居与家具设计：设计师正在使用生物降解材料制作家具、家居饰品和其他日常用品，使它们在使用结束后能够自然分解。

② 设计思维的转变

从线性到循环：生物降解技术促使设计师从线性设计思维转向循环设计思维。产品不再是"制造—使用—废弃"的模式，而是考虑其在生命周期结束后的分解和回收。

重视材料选择：设计师开始更加重视材料的选择。选择能够生物降解的材料，有助于减少产品对环境的负面影响。

用户教育：设计师通过产品和包装教育用户如何正确使用和处理生物降解产品，从而提高其环保意识。

生物降解技术还处于发展初期，但已经展现出巨大的潜力。随着更多的研究和应用，设计师将有更多机会创造对环境友好的、可持续的解决方案。生物降解技术为艺术和设计领域带来了新的机遇。它鼓励设计师从新的角度看待材料、产品的生命周期和用户行为，为创造更加可持续、环境友好的设计方案提供了新的工具和方法。

4.1.2.3 智能通信

（1）超速通信技术

超速通信技术通常指的是比现有的通信技术更快、更高效的技术。这不仅意味着更快速的数据传输，还意味着实时、无缝的沟通，这为艺术与设计带来了前所未有的可能性。超速通信技术，如5G、6G以及量子通信，提供了极快的数据传输速度和几乎零延迟的响应。这为实时的互动、协作和创新提供了基础。尽管5G技术还在全球范围内部署，但6G技术的研究已经开始。6G预计将提供更快的数据速度、更低的延迟和更高的连接密度（图4-9）。

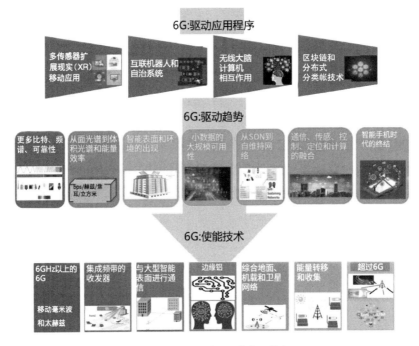

图4-9　6G主要应用、趋势和技术

量子通信技术，利用量子原理进行通信，可以实现超高的安全性。这种通信方式几乎不可能被窃听或破解，这对于国家安全、金融交易和个人隐私都非常重要。集成化天线和新型信号处理技术，通过新的天线设计和信号处理技术，提高数据传输效率。这可能允许更密集的设备部署，支持物联网（IoT）的大规模扩展。

① 应用实例

随着网络通信技术的发展，5G技术提出万物互联的概念，将人与人的联络扩展到人与物、物与物的联络。未来6G技术的发展，为密集分布的传感器产生大量的感知信息提供了网络技术支持。未来6G可能在身体与网络、情感与触觉交流、触觉互联网等领域产生新的应用。如果说2G带来图片，3G带来视频，4G带来直播，5G带来AR、VR、IoT，那么6G可能超越图片、视频，带来触觉、味觉、情感等感知服务。在此环境下，生成式设计服务也将蓬勃发展。

实时合作：设计师和艺术家现在可以跨越地理界限进行实时合作，无需面对面交流，从而开辟了全新的创作空间。

虚拟现实与增强现实：超速通信技术为虚拟现实和增强现实提供了强大的支持，使得设计师可以在虚拟空间中设计，而艺术家可以为观众提供沉浸式的艺术体验。

3D打印与远程控制：设计师可以远程控制机器进行3D打印，即使他们与机器相距数千公里。这为产品设计和制造带来了革命性的变化。

② 对设计领域的影响

协作工具：设计师可以在虚拟空间中协同工作，实时共享和修改设计概念。

远程测试：设计师可以远程测试他们的设计，例如在虚拟环境中测试产品的工作方式。

实时反馈：设计师可以从世界各地的用户那里实时获得反馈，更快地迭代他们的设计。

物联网与设计：设计师需要考虑大量与物联网设备相关的因素，包括用户体验、数据隐私和设备间的互操作性。

③ 技术挑战

技术与艺术的平衡：面对如此强大的技术，艺术家和设计师应在技术与艺术之间找到平衡，确保他们的作品不失艺术性。

数据安全：超速通信技术虽然提供了高速的数据传输，但也带来了数据安全的挑战。如何确保在创作和合作中数据的安全性是设计师必须面对的问题。

通信与人际交往：当所有的沟通都可以通过超速通信技术进行，人与人之间的真实交往会受到什么样的影响？这是设计师需要考虑的问题。

超速通信技术为艺术与设计带来了前所未有的机会，但也带来了挑战。艺术家和设计师需要深入思考如何利用这一技术，同时确保他们的作品不失真实性和艺术性。

（2）脑机接口（BCI）

脑机接口（Brain-Computer Interface，BCI）是一种直接从大脑中捕捉信号并将其转换为可用信息的技术。它为设计和艺术创作者提供了一个全新的维度。简单来说，脑机接口是一种让大脑与计算机直接通信的方法，而不需要中间的物理操作。从早期的电极记录到现代的无创成像技术，BCI技术已经取得了长足的进展。这种技术允许人脑直接与计算机或其他机器互动，如允许设计师为残疾人创造更直观和个性化的解决方案。

Neuralink公司正在开发可以被植入大脑的设备，旨在治疗神经性疾病并增强人的认知能力。为失去肢体的人设计与大脑直接连接的义肢，使其能够更自然地移动。图4-10所示为约翰斯·霍普金斯大学神经病学系参与者参加的一项临床试验，该试验旨在研究用于运动和沟通障碍患者的脑机接口系统。神经病学教授内森·克朗（Nathan Crone）博士领导了这项试验。

另一方面，设计师也可以利用脑机接口，直接通过思考来控制设计软件。用户体验设计也将进入全新的维度。设计师需要创造新的交互模式，设计以大脑为中心的应用。

① 艺术与设计中的应用

创意表达：通过 BCI，艺术家可以直接使用思维来控制媒体，创作音乐、绘画或数字艺术。

互动装置与体验：设计师可以利用 BCI 创建前所未有的互动装置，让参与者通过思考来互动，为他们提供独特的体验。

设计反馈与优化：设计师可以利用 BCI 来获得用户对设计的直观反馈，从而迅速地进行迭代和优化。

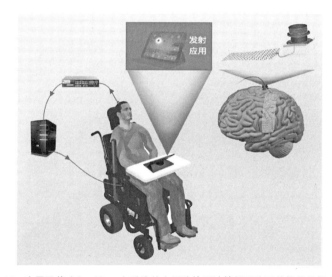

图4-10　皮层通信（CortiCom）系统的电网连接到计算机系统及其软件的组成部分

② 技术挑战

数据隐私：随着 BCI 技术的普及，如何确保用户的思维数据安全将成为主要关注点。

技术准确性：确保从大脑捕捉到的数据准确无误是实现有效 BCI 的关键。

道德与社会问题：使用 BCI 技术可能会引发一系列的道德和社会问题，例如是否应该允许人们通过 BCI 技术改变他们的情绪或认知能力。

③ 未来展望

增强的创意体验：随着 BCI 技术的进一步发展，艺术家和设计师能够为观众提供更为沉浸的体验。

教育与培训中的应用：在教育和培训领域，BCI 可以为学生提供个性化的学习体验，帮助他们更好地理解和掌握知识。

跨学科的合作：随着BCI技术进一步融入艺术和设计，预计将会出现更多的跨学科合作，如神经科学、计算机科学和设计学的结合。

脑机接口技术为艺术和设计领域带来了革命性的变革，为创作者提供了全新的创作手段和表达形式。虽然还面临许多挑战，但随着技术的进步，BCI无疑将对未来的艺术和设计领域产生深远的影响。

（3）增强现实（AR）和虚拟现实（VR）

AR是通过摄像头捕获的实时画面中添加计算机生成的图像、声音、视频或GPS数据来增强用户的现实感知。而VR则创建了一个完全由计算机生成的环境，用户可以与其互动并沉浸其中。提供了一种新的展示和体验设计的方式，使用户能够在决策前进行更为深入的体验，改变了传统的学习、工作和娱乐方式（图4-11、图4-12）。

图4-11　2024—2034年用于虚拟现实、增强现实和混合现实的显示器

图4-12　头戴式AR设备

宜家的 AR 应用程序允许用户在他们的居住空间中预览家具，以决定是否购买。在室内设计中，客户可以通过 VR 眼镜在未装修之前就"行走"在自己的新家中，或通过 AR 在现实中为家中添加虚拟家具。而汽车设计师使用 VR 技术模拟驾驶体验，对车辆设计进行优化。

（4）无线电力传输

通过无线方式传输电力，无需物理连接。无线电力传输主要依赖磁共振原理，使电能在不同的物体之间"跳跃"传递，而无需物理接触。自从电的发现以来，我们能够看到，其在生活中无处不在。但一直以来，电力的传输都依赖物理线缆，而无线电力传输技术的兴起则预示着一场即将到来的设计革命。从特斯拉的早期实验开始，人们就对无线电力传输抱有浓厚的兴趣。近年来，这一技术得到了日益增长的关注和投资。

无线电力传输可为移动设备和电动汽车无线充电（图 4-13）；可远程为无人机和其他设备供电；设计无需考虑传统的电缆和插头；可以实现更加自由和灵活的能源管理和使用方式。

图4-13　用无线充电打造电动汽车的未来

① 在艺术与设计中的应用

重新定义家居与办公空间：去掉了电线束缚的家具和办公工具可以实现真正的灵活布局，为室内设计提供了前所未有的自由度。

公共空间的革新：公共雕塑和艺术装置可以借助无线电力传输技术实现更为复杂和动态的表现，同时为公众提供充电和互动的可能性。

移动与流动设计：从无人驾驶汽车到移动工作站，无线电力传输技术为设计师提供了一种全新的能源获取和使用方式，使得设计更加自由和流动。

② 对设计思维的影响

超越物理界限：无线电力传输使得设计师不再受限于电缆和插头的物理束缚，为创新打开了大门。

可持续性与环境考量：无线电力传输减少了物理材料的使用，为环境友好的设计提供了新的可能性。

用户体验的革新：随着无线电力传输技术的普及，用户体验将变得更加便捷和自然，设计师需要为这种新的交互模式提供解决方案。

③ 未来展望

应用领域的扩展：随着技术的进步，我们可以期待无线电力传输在更多领域中得到应用，从医疗到交通，其影响将是深远的。

伦理与社会影响：如何确保无线电力传输的安全性和隐私权保护是一个亟待解决的问题。

无线电力传输技术为艺术与设计带来了新的机遇和挑战。随着这一技术的发展和普及，设计的界限将被进一步打破，为我们创造出一个更加自由和无限的未来。在这个不断变化的时代，技术和设计的结合将带来前所未有的创新。无线电力传输只是其中之一，但它的影响无疑将是深远和持久的。对于设计师和艺术家来说，这是一个充满机遇的时代，也是一个挑战与变革并存的时代。

（5）能源收集和转换技术

随着可持续性和环境意识的不断提高，能源收集与转换技术在设计领域中的应用越来越受到关注。新的技术可以从日常环境中收集和转换能源，如从人的行走或机器的振动中获取能量（图4-14）。在过去的几十年中，能源技术的创新为我们提供了新的机会来解决全球的一些挑战。设计师和艺术家正在利用这些技术来创造富有创意的解决方案，将功能性与审美感结合起来。

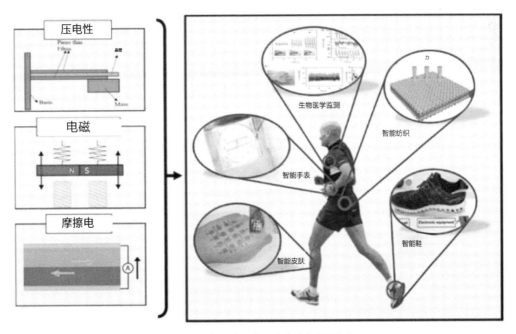

图4-14　智能电子产品中的人力能源收集

例如：可穿戴设备无需充电即可运行，城市结构可以收集和存储能量，设计师需要考虑如何集成这些技术来增强产品的持续运行时间，可持续性和能源效率将更加重要。

① 能源收集技术

太阳能：近年来，太阳能技术已经进入日常生活和产品设计。太阳能背包、太阳能充电器和其他创新设计都证明了这一技术的实用性和吸引力。

风能和机械能：从小型风能发电机到机械能手表，设计师正在寻找新的方法来收集和转换自然界的力量。

热能：随着可穿戴技术的兴起，热能转换技术为设计师提供了新的机会，如使用人体的热量为设备充电。

② 从收集到转换

储存解决方案：新的能量储存技术，如固态电池和超级电容器，为设计师提供了更多的空间来探索新的形式和功能。

整合到日常生活：从家居到交通工具，能源技术正在与我们的日常生活更加紧密地融合，这为设计师提供了无数的机会来探索新的设计语言。

③ 艺术与设计的交叉

动态艺术装置：许多艺术家正在利用能源收集和转换技术来为他们的作品提供动力，这些作品不仅是视觉的，还是感官的。

建筑与城市设计：从太阳能窗户到热能收集墙壁，建筑师正在重新思考建筑如何与环境互动。

④ 挑战与机会

可持续性：设计师现在面临的最大挑战之一是如何确保他们的解决方案既环保又实用。

教育与传播：随着这些技术变得越来越普及，设计师和艺术家有责任教育公众，让他们了解这些技术的重要性和潜力。

能源收集与转换技术为艺术与设计领域提供了一个富有挑战和机会的新世界。通过将这些技术与创意思维结合起来，我们有机会为这个星球创造更加美好、绿色和可持续的未来。

（6）区块链

区块链是一个去中心化的数据库，通过各个参与节点的共同维护，确保数据的一致性和安全性。去中心化的数据结构，允许多方在没有中央权威机构的情况下记录和验证交易。在过去的十年中，区块链技术从加密货币的核心技术逐渐发展成为一种多用途的技术（图4-15）。其透明、去中心化和不可篡改的特性为许多领域带来了创新的可能性，尤其在艺术和设计领域。

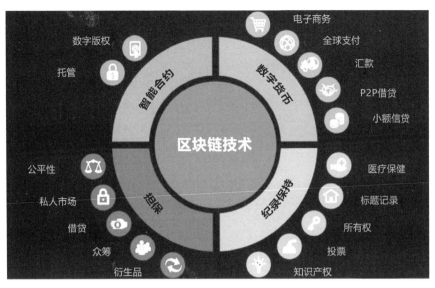

图4-15 区块链技术的广泛应用领域

区块链技术可广泛应用于加密货币交易、智能合约执行、身份验证过程以及供应链管理等多个领域。它有潜力彻底改变版权和知识产权的管理方式，提供一种新的机制来跟踪设计作品的起源、验证其真实性，并确认其后续的改动历程。

① 区块链在艺术领域的应用

数字艺术的所有权和原创性：通过区块链，艺术家可以创建数字艺术作品的"唯一版"，并确保其所有权。这种技术还可以为数字艺术作品的原创性提供验证。

透明的艺术品交易：艺术品交易经常涉及高额的价格和复杂的交易过程。区块链为买家和卖家提供了一个透明、安全的交易平台。

无国界的艺术市场：传统的艺术市场受到地理和政治的限制，但区块链技术打破了这些界限，创建了一个全球性的艺术市场。

设计版权保护：设计师可以使用区块链来注册和跟踪他们的设计作品，从而确保他们的知识产权得到保护。

供应链透明性：设计师和品牌可以使用区块链技术来跟踪产品从原材料到成品的整个生产过程，从而确保其可持续性和伦理性。

定制化和个性化设计：通过区块链，消费者可以参与到产品的设计过程中，实现真正的个性化和定制化。

② 区块链与未来的艺术与设计教育

随着区块链技术的普及，未来的艺术与设计教育也将发生变革。学生不仅需要学习传统的设计技能，还需要了解如何在这个新技术的背景下进行创作。

区块链技术为艺术与设计带来了前所未有的机会。从确保数字艺术作品的原创性和所有权，到为创作者提供一个全球性的市场，这一技术正在重塑我们对创意产业的认知。随着这一技术的进一步发展，艺术与设计的边界将进一步模糊，为创作者带来无限的可能性。从艺术品的交易到设计作品的版权问题，区块链为我们提供了一种全新的视角来看待这些传统的问题。这不仅仅是一种技术革新，更是一次艺术与设计的文化革命。

4.1.2.4　智能计算

（1）边缘计算与物联网（IoT）

边缘计算将数据处理从云端转移到数据产生的源头，从而提高响应速度和减少带宽需求。从简单的传感器到复杂的设备网络，IoT 正在连接世界，使物体之间的交互变得可能。IoT 设备通过互联网收集和共享数据；边缘计算则允许数据在产生的地方进行处理，而不是被发送到中央服务器（图 4-16）。设计师现在不仅要考虑产品的形状和功能，还要考虑它如何连接和互动。

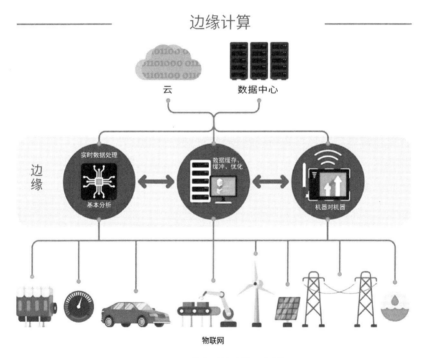

图4-16　边缘计算的使用案例

① 艺术与设计中的应用

互动艺术与装置：艺术家可以使用 IoT 设备和边缘计算创建实时响应的互动装置，如根据观众的移动或环境变化调整光影或声音的装置。

智能家居与室内设计：设计师可以利用 IoT 设备为家居设计带来个性化体验，例如自适应照明系统或根据个人习惯调节的温度控制。

城市规划与建筑设计：随着智慧城市的兴起，IoT 和边缘计算在交通管理、能源分配和公共空间设计中都有应用。

② 技术挑战

数据安全与隐私：随着设备之间的互连，数据安全和隐私成为主要关注点，设计师和艺术家需要考虑如何在创作中加入安全防护。

设备互操作性：不同的 IoT 设备需要能够无缝集成，这为设计师带来了挑战，同时也为创新提供了空间。

能源可持续性：为了实现真正的智能，IoT 设备需要持续的能源供应，这为设计中的能源效率和可持续性带来了挑战。

③ 未来展望

人机交互的新维度：随着技术的发展，IoT 和边缘计算将为人机交互带来更多的可能性，如虚拟现实和增强现实。

可持续性与环境设计：随着对环境的关注增加，如何使 IoT 设备和边缘计算更加绿色、可持续将成为未来的趋势。

无处不在的艺术与设计：IoT 和边缘计算将使艺术和设计成为日常生活的一部分，无论是在家中、办公室还是公共空间。

边缘计算与物联网正为艺术和设计带来革命性的改变。设计师和艺术家需拥抱这些新技术，充分利用它们为人们带来更美好、更智能的生活体验。

（2）量子计算

量子计算使用量子比特代替传统比特，可在短时间内处理大量数据。量子计算是一种基于量子力学原理的计算方法，使用量子比特进行信息处理，拥有超出传统计算的潜在计算能力，能够处理以前认为不可能或非常困难的设计问题。传统计算依赖比特，它的状态为 0 或 1；而量子比特可以是 0、1 或两者的叠加状态，为计算提供了更多的可能性。

将来，量子计算可以用于材料科学，为设计新材料提供计算支持。在建筑设计中，利用量子计算解决复杂的结构和环境问题，如最优化建筑的能源效率。解决复杂的数学问题，材料科学中的新材料设计，优化复杂系统，如物流和供应链管理，可促进新的编程范式和工具的发展。加密和安全方面也会有所突破，我们可能告别记录各种复杂密码的时代（图 4-17）。

① 量子计算在艺术与设计中的潜在应用

加速渲染与模拟：量子计算的高并行性使其在图形渲染、物理模拟等需大量计算的艺术与设计应用中具有巨大的优势。

面向人工智能应用的高性能计算机和量子计算的部分优秀团队

Morris Riedel教授及其团队，Jue lich超级计算中心(JSC)，冰岛大学高效数据处理和跨部门深度学习团队，布达佩斯MTA SZTAKI并行和分布式系统实验室。

图4-17　部分优秀团队简介

创新的艺术创作工具：借助量子算法，艺术家可能会得到全新的创作工具，如基于量子原理的音频处理、图像生成等。

量子加密与艺术品鉴定：量子密码学为艺术品鉴定和防伪提供了更高级别的安全性，确保艺术品的真实性和唯一性。

② 艺术与设计中的量子启示

量子思维与抽象艺术：量子计算的非确定性和叠加状态为艺术家提供了新的创作灵感，鼓励他们探索更为抽象和复杂的表现手法。

量子美学：在设计中引入量子概念可能会产生一种全新的美学，这种美学强调复杂性、不确定性和深度。

③ 挑战与机遇

技术难题：虽然量子计算的理论已经形成，但要将其应用于实际的艺术和设计领域仍然面临许多技术挑战。

量子与传统的融合：如何将量子计算与现有的设计工具和技术融合，使之更加实用和普及，是一个亟待解决的问题。

教育与培训：量子计算的复杂性要求在艺术与设计教育中引入新的培训模块，以培养未来的量子艺术家和设计师。

量子计算为艺术和设计领域提供了新的工具和视角，预计将对这些领域产生深远的影响。虽然现在还处于初级阶段，但随着技术的进步和应用的拓展，我们有望进入一个充满无限可能的量子艺术与设计新时代。

（3）机器学习

机器学习是人工智能的核心领域之一，它使计算机能够通过数据学习和改进，而无需明确编程。它通过算法识别数据模式，进行预测和决策，从而在智能计算中发挥着至关重要的作用。

在智能计算中，机器学习用于自动化决策、模式识别、预测分析、优化流程和提供个性化体验。它使系统能够适应新数据，提高效率和准确性。实际应用广泛，包括医疗诊断、金融风险评估、自动驾驶、语音识别、图像处理、推荐系统等。机器学习正推动这些领域的技术进步和创新。目前，机器学习正朝着更深层次的方向发展，如深度学习，它通过模拟人脑神经网络处理复杂数据。同时，研究者正关注提高模型的可解释性、公平性和安全性，确保技术的健康和可持续应用。

（4）神经形态计算

神经形态计算模拟人脑的工作方式，允许机器以非常低的能耗进行计算。神经形态计算受到生物神经系统的启发，模拟大脑的工作方式以提高计算效率和能效。与经典的冯·诺依曼结构不同，神经形态计算更接近大脑的处理方式，特别是在处理模式识别和感知任务时。作为一种新兴技术，它正在为艺术和设计领域开创前所未有的新道路（图4-18）。

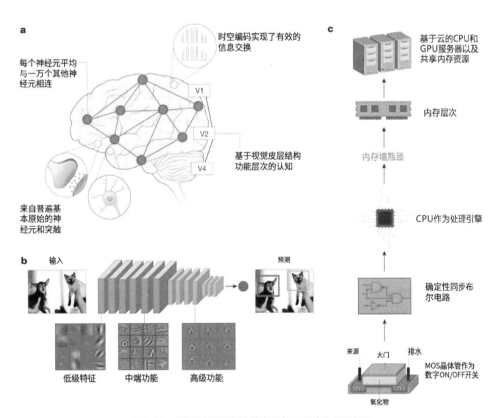

图4-18 利用神经形态计算实现基于尖峰的机器智能

神经形态计算可实现可穿戴设备的能效优化；在资源有限的环境中进行复杂任务，如深空探测；设计更小、更高效的智能设备；改变计算硬件的设计方式。

① 在艺术与设计中的应用

增强创意工具：通过神经形态计算，设计师可以实现更高效的原型制作、模拟和反馈环节，从而快速迭代设计。

新的艺术媒介：艺术家可以利用神经形态计算的特性创作出前所未有的互动、自适应的艺术作品。

实时模拟与反馈：在产品设计和建筑领域，神经形态计算能够实时模拟用户行为、环境变化等，为设计提供实时反馈。

② 设计的新思维

从中心化到分布式：神经形态计算鼓励采用分布式、并行的设计策略，从而实现更高效和灵活的设计解决方案。

基于数据的决策：利用神经形态计算处理的大量数据，设计师可以进行更加精确的数据驱动决策。

界面与交互的革新：受大脑处理信息的方式启发，界面和交互设计可以朝着更为自然、直观的方向发展。

③ 挑战与机遇

技术限制与突破：尽管神经形态计算具有巨大的潜力，但它仍然面临一些技术和实现上的挑战。

伦理与社会影响：如何在保障隐私和安全的同时使用神经形态计算，以及它可能对社会和文化带来的影响，是需要深入考虑的问题。

神经形态计算为艺术与设计带来了新的机遇和挑战，它的出现预示着设计方法和艺术创作即将迎来新的革命。随着技术的进步和广泛应用，我们期待未来会有更多令人振奋的变革。

这些技术为设计师提供了新的工具和方法，但同时也带来了新的挑战，如伦理问题、技术普及率和技术的可接受性等。以上所列技术只是冰山一角，未来，技术革命将不断出现。但可以确定的是，这些技术将为设计师提供前所未有的工具和机会，也会对人类的生活方式、工作方式和社交方式带来巨大的变革。设计师需密切关注这些发展，确保技能和知识与时俱进。

4.1.3 新算法

算法在许多领域的进步和变革中都发挥了关键作用，尤其在设计领域。以下是一些已经成熟、正在开发或未来可能应用于设计领域的算法的介绍。

4.1.3.1 成熟并广泛应用的算法

（1）卷积神经网络（CNN）

CNN用于图像分类、物体检测和图像生成。例如，设计师可以使用CNN进行图像风格迁移，将某种风格应用到其他图像上。卷积神经网络（CNN）是一种深度的、前馈的神经网络，它被广泛用于处理具有类似网格结构的数据，如图像。通过多层的卷积、池化和全连接层，CNN能够从原始像素中提取出复杂的特征（图4-19）。

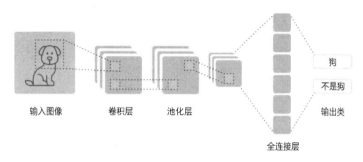

图4-19　卷积神经网络

卷积神经网络作为深度学习的一个重要分支，给我们带来了前所未有的可能性。它不仅改变了计算机视觉的格局，更为艺术与设计领域开启了新篇章。以下将探索CNN在艺术与设计中的应用和潜力。

① 重新定义艺术

风格迁移与艺术创作：基于CNN的风格迁移技术使得我们可以将一幅画的风格迁移到另一幅画上，为艺术家提供了无限的灵感。从梵高的《星夜》到莫奈的《睡莲》，现代艺术与经典名作在CNN的桥梁下融合交织。

AI画家：CNN的强大画图能力，使得计算机可以成为"画家"。从初级的图像识别到复杂的创作，AI开始在艺术创作中扮演越来越重要的角色。

② 设计领域的变革

交互界面设计：CNN的图像识别能力为交互设计提供了新思路。传统的触摸、点击交互被更加直观的手势、表情甚至眼神替代，为用户带来更为沉浸的体验。

产品原型与虚拟现实：借助CNN，设计师可以快速将草图转化为高度逼真的3D模型，大大提高设计效率。在虚拟现实中，CNN帮助创建真实感十足的场景，为用户带来前所未有的体验。

③ 未来的设计教育

数据驱动的设计思维：在大数据时代，艺术与设计不再仅依赖直觉和经验。CNN等工具提供了从数据中提取洞见的能力，为设计师带来更为深刻的用户洞见。

实践与学习的结合：随着 CNN 等技术的进步，未来的设计教育将更加注重实践。学生在真实的项目中使用这些工具，快速迭代，不断学习。

卷积神经网络为艺术与设计带来了革命性的变化。它不仅为创作者提供了强大的工具，更为他们打开了一个全新、充满无限可能的世界。随着技术的进步，我们有理由相信，艺术与设计的明天将更加精彩。

（2）生成对抗网络（GAN）

生成对抗网络（GAN）由两部分组成：生成器和判别器。生成器试图创造假数据，而判别器则努力区分真实数据和假数据。两者相互竞争，共同进化，直至生成高质量的数据（图4-20）。GAN 用于生成图像、视频和音频。设计师可以使用 GAN 生成新的图案、材料纹理或建筑设计概念。

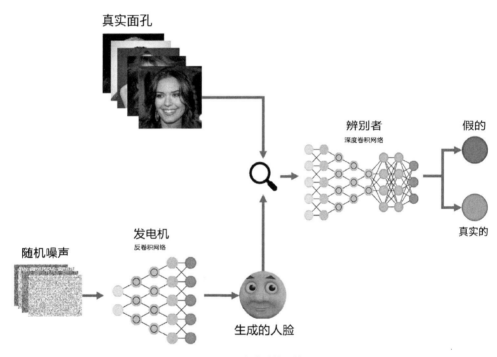

图4-20　生成对抗网络

随着科技的进步，艺术与设计的边界持续被推动。生成对抗网络作为当下最具影响力的人工智能技术之一，为艺术与设计领域揭示了全新的可能性。以下将深入探讨 GAN 在艺术与设计中的应用与潜在价值。

① 艺术创作中的 GAN 变革

AI 作为艺术家的合作者：利用 GAN，艺术家可以生成前所未见的图像风格和元素，从而在传统艺术形式上添加新的维度。这种融合为艺术创作带来了无尽的可能性。

艺术风格的新定义：基于 GAN 的艺术作品重新定义了艺术风格。无论是模仿古代大师的画风，还是创造全新的视觉表现形式，GAN 都为艺术家提供了前所未有的工具。

② 设计实践中的 GAN 运用

个性化与定制：通过 GAN，设计师可以根据个人需求生成特定风格或功能的设计。例如，家居设计可以根据用户的喜好和生活习惯进行个性化生成。

产品原型与模拟：GAN 可以帮助设计师快速生成产品原型，提供真实感十足的 3D 模型，或者模拟真实环境下的产品使用效果。

③ 设计教育中的 GAN 探索

创新思维的培养：在设计教育中，GAN 可以当作一个工具，帮助学生锻炼创新思维，学习如何将传统设计方法与现代技术相结合。

GAN 的实践教学：实践是最好的老师。学生可以通过实际操作和使用 GAN，对其进行深入的学习和研究，从而更好地掌握其原理和应用方法。

④ 思考与前景

GAN 与人类创作者的关系：随着 GAN 在艺术与设计领域的应用日益广泛，人们开始思考它与人类创作者之间的关系。它是否会取代人类，或者两者可以和谐共存、相互促进。

未来的探索方向：随着技术的进步，GAN 将会在更多的领域中得到应用，如音乐、影视、互动媒体等。对于创作者来说，如何更好地利用这一工具，创造更多的价值，是值得进一步探索的方向。

生成对抗网络为艺术与设计领域带来了新的机遇和挑战。面对这一技术，我们不仅可以看到无限的可能性，更应该思考如何在这个新时代中找到自己的定位，创造出真正有价值的作品。

（3）决策树（Decision Tree）和随机森林

决策树是一种监督学习算法，通过树形结构进行决策，用于数据分类和回归。在产品设计中，它可以用于预测新产品的市场反馈或用户评价。而随机森林则由多棵决策树构建而成，能更准确、稳健地预测（图 4-21）。

在当代的艺术与设计领域中，技术与创意交织共舞，共同绘制出创新与美感的篇章。决策树与其扩展——随机森林，作为数据科学中的核心算法，正被越来越多的设计师采纳。以下将从艺术与设计的视角，探索这两种算法的魅力与实际应用。

① 艺术领域：创作与分析双向发力

创作指导：决策树在艺术创作中可帮助艺术家根据既定参数（如色彩、形状、风格等），推导出可能的艺术形式或创意方向。

艺术品鉴定与分析：随机森林可用于分析艺术品的真伪，通过学习大量艺术品的特征，对新的艺术品进行鉴定。

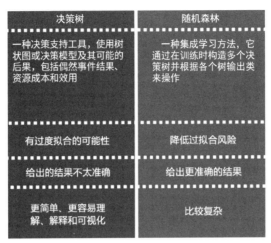

决策树	随机森林
一种决策支持工具，使用树状图或决策模型及其可能的后果，包括偶然事件结果、资源成本和效用	一种集成学习方法，它通过在训练时构造多个决策树并根据各个树输出类来操作
有过度拟合的可能性	降低过拟合风险
给出的结果不太准确	给出更准确的结果
更简单、更容易理解、解释和可视化	比较复杂

图4-21　决策树与随机森林

② 设计实践中的算法运用

用户体验优化：设计师可以使用决策树来模拟用户的决策路径，预测他们的需求和偏好，从而进行界面或产品的优化。

产品设计与推荐：在产品设计阶段，可以通过随机森林预测产品的受欢迎程度，或为用户推荐合适的设计样式。

③ 教育与培训：决策树在设计教育中的应用

设计决策的模拟：在教学过程中，教师可以利用决策树模拟设计决策过程，帮助学生理解复杂设计任务的逻辑和策略。

实践与实验：学生可以通过建立自己的决策树和随机森林，对真实的设计问题进行模拟和解决，锻炼实践能力。

④ 未来展望

数据与创意的融合：随着大数据时代的到来，艺术与设计领域需要更好地利用数据驱动的工具，如决策树和随机森林，来扩大创意的边界。

技术与人的关系：在技术不断进步的今天，我们要思考如何在保持人的创造性和独特性的前提下，与机器和算法和谐共生。

决策树和随机森林作为数据分析的强大工具，在艺术与设计领域具有巨大的潜力和价值。它们不仅可以为创作者提供数据支持，更可以成为创意和实践中的得力助手。在未来，我们期待看到这两种算法与艺术设计更多的精彩结合。

（4）深度学习（Deep Learning）

深度学习利用神经网络模拟人脑的方式处理数据，如图像和风格转换、图像生成、自动生成设计概念草图等。图 4-22 所示为人工智能、机器学习与深度学习的关系与介绍，可以看出，深度学习大大提高了人类的工作效率。

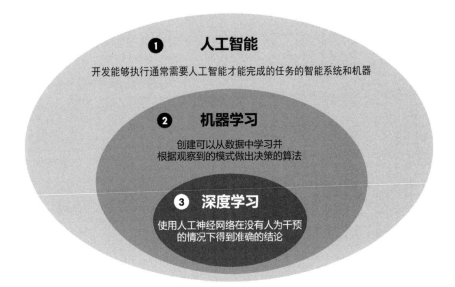

①**人工智能**

开发能够执行通常需要人工智能才能完成的任务的智能系统和机器

②**机器学习**

创建可以从数据中学习并
根据观察到的模式做出决策的算法

③**深度学习**

使用人工神经网络在没有人为干预
的情况下得到准确的结论

图4-22　人工智能、机器学习和深度学习概述

深度学习，特别是基于神经网络的模型，已经证明在图像识别、语音处理、文本分析等领域有出色的性能。它通过多层神经网络模拟人脑的工作机制，可以"学习"和"理解"大量数据。随着计算能力的增强，深度学习在多个领域实现了飞速发展，引领了人工智能的新浪潮。艺术与设计领域并没有置身事外，深度学习的技术正与传统的艺术创作方法碰撞，催生出前所未有的新型设计实践和艺术表达。

① 深度学习与艺术的交融

生成艺术：使用像 GAN 这样的深度学习模型，艺术家可以创作出超越传统手法的艺术作品，如风格迁移、图像合成等。

动态艺术：深度学习不再局限于静态的艺术创作，借助它，艺术家可以为他们的作品注入生命，例如通过深度学习技术将静态画像转化为有动作的动画。

② 设计领域中的深度学习

自动化设计：对于初步的设计构思，深度学习可以提供自动化的设计草图，帮助设计师快速迭代和优化。

个性化设计：通过学习用户的偏好和行为，深度学习可以提供更为个性化的设计建议，从而提高用户体验。

虚拟现实与增强现实：深度学习也被广泛应用于 VR 和 AR 中，为用户提供沉浸式的设计体验。

③ 深度学习与设计教育

模拟与实验：学生可以通过深度学习模型模拟复杂的设计任务，获得实时反馈，锻炼实践能力。

创新教学方法：教师可以借助深度学习工具为学生提供个性化的学习路径，提高教学质量。

④ 未来展望

数据依赖性：深度学习的效果在很大程度上依赖大量、高质量的数据，如何获得这些数据是一个重要问题。

艺术与机器的界限：深度学习在艺术创作中的应用引发了关于"什么是真正的艺术"的哲学讨论。

持续创新：未来，深度学习还将继续与各种传统和新兴的艺术与设计方法融合，为我们带来更多令人振奋的创新。

深度学习为艺术与设计领域带来了革命性的变革，其深远的影响还在继续扩展中。随着技术的进一步发展，我们可以期待一个充满无限可能的艺术与设计未来。

（5）几何算法（Geometric Algorithm）

几何算法是一组用于解决与几何对象（如点、线和多边形）有关的计算问题的算法。在计算机图形学、机器人学、计算机辅助设计（CAD）和其他领域都有广泛应用（图4-23）。几何算法是用于计算机图形学的基础算法，包括线性代数、曲线和曲面建模等。例如我们经常使用的设计类软件CAD软件、3D建模和渲染都得益于此类算法的应用。

应用领域
- 数据挖掘
- 超大规模集成电路设计
- 计算机视觉
- 数学模型
- 天文模拟
- 地理信息系统
- 计算机图形学(电影、游戏、虚拟现实)
- 物理世界的模型(地图、建筑、医学影像)

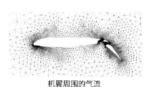

机翼周围的气流

图4-23　几何算法

在古老的几何形状和现代的计算机科学交汇的地方，几何算法为我们打开了一个新的世界。在艺术与设计领域，这种数学与技术的结合成为创新和创造的催化剂。

① 艺术中的几何算法

参数化艺术：几何算法可以帮助艺术家创作参数化的艺术作品，其中每个形状和模式都可以通过数学公式进行描述和生成。

三维建模：在雕塑和三维打印艺术中，几何算法为艺术家提供了一个强大的工具，使他们能够在虚拟环境中精确地建模和预览他们的作品。

动态艺术：通过动态模拟和几何变换，艺术家可以创造出随时间变化的艺术作品。

② 设计中的几何算法

结构优化：在建筑和工业设计中，几何算法可以帮助设计师优化结构的强度和稳定性。

平面布局和排版：在平面设计和版面设计中，几何算法可以自动确定元素的最佳位置，以实现视觉上的平衡和谐。

曲线和曲面建模：在产品和交通工具设计中，几何算法为设计师提供了强大的曲线和曲面建模工具。

③ 几何算法与设计教育

数学与艺术的交融：通过几何算法，学生可以更深入地了解数学和艺术之间的关系。

实践与实验：几何算法为学生提供了一个实验的平台，使他们可以尝试不同的设计方案并立即看到结果。

跨学科合作：几何算法鼓励艺术与设计领域的学生与计算机科学和数学领域的学生进行合作，共同探索新的创意解决方案。

④ 未来展望

计算复杂性：随着设计问题的复杂性增加，需要更高效的几何算法。

用户友好性：为了使非技术人员也能利用几何算法，需要开发更加用户友好的工具和界面。

几何算法为艺术与设计带来了前所未有的可能性。通过这种数学与技术的结合，我们不仅可以更加精确地描述和创造形状，还可以发掘出新的设计语言和表达方式。

（6）光线追踪与路径追踪算法

光线追踪是一种模拟光线与物体之间相互作用的技术，它通过追踪光线从观察者出发与场景中的物体相交的方式来计算像素的颜色（图 4-24）。路径追踪是光线追踪的一种扩展，它模拟了光线在场景中的多次散射，为渲染提供更高的真实感。这些算法模拟光线如何与物体互动，以产生逼真的图像。例如在 3D 渲染和动画中生成逼真的图像和效果。

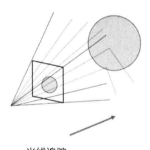

光线追踪：

透过画面将光线投射到场景中

图4-24　光线追踪

光影在艺术与设计中的作用不容忽视，近些年来的计算技术使得模拟这些光影现象成为可能。特别是光线追踪与路径追踪算法重新定义了数字艺术与设计中的真实感和深度。

① 艺术与设计中的应用

电影与动画：从 1995 年的《玩具总动员》到现代的电影巨作，光线追踪技术为我们提供了细致的光影效果，增强了电影的真实感与视觉冲击。

三维艺术与设计：光线追踪与路径追踪为艺术家提供了一个工具，使其 3D 作品更加栩栩如生，丰富了设计的细节和质感。

虚拟现实与增强现实：在 VR 和 AR 中，为了提供身临其境的体验，真实的光影渲染变得至关重要。光线追踪和路径追踪算法正是实现这一目标的关键。

② 技术进展与挑战

实时渲染：随着硬件的进步，实时光线追踪成为可能，这为视频游戏和实时设计应用带来了巨大的潜力。

噪声与优化：路径追踪的主要挑战之一是噪声，但通过各种去噪技术，如深度学习去噪，这一问题得到了缓解。

多样的材料和场景：模拟复杂的物理材料和各种光线散射情况是当前研究的焦点。

③ 未来展望

混合渲染技术：结合光线追踪、路径追踪与传统的栅格渲染，为艺术家和设计师提供多样的工具。

光场技术：光场渲染与光线追踪技术相结合，为未来的数字艺术创作开辟了新的领域。

开源与社区的力量：随着更多的开源光线追踪工具和库的出现，艺术家和设计师有了更多的机会参与这一技术革命中。

光线追踪与路径追踪算法为艺术与设计带来了前所未有的光影效果，从而深化了观众的感受。随着技术的不断进步，这两种算法将继续推动数字艺术与设计领域的创新，带来更多令人惊叹的作品。

（7）贝塞尔曲线（Bézier Curve）与曲面

贝塞尔曲线得名于法国工程师皮埃尔·贝塞尔（Pierre Bézier），他在 20 世纪 60 年代为雷诺汽车公司工作时开发了这种曲线。但实际上，这种曲线的数学基础早在皮埃尔·贝塞尔之前就已存在。贝塞尔曲线是描述曲线和曲面的参数的数学工具，例如在字体设计、2D 和 3D 建模、快速自由的参数化曲线绘制方面的应用（图 4-25）。

贝塞尔曲线与曲面，这种似乎只存在于高等数学中的概念，如今已深入各种设计应用中，从最简单的图形设计到复杂的三维建模，它们为我们的视觉体验带来革命。

① 基本原理与数学形态

贝塞尔曲线基于控制点。给定一系列的控制点，这些点将定义曲线的形状。通过调整控制点的位置，可以创建几乎任何形状的曲线。对于曲面，原理是类似的，但涉及更多的控制点和维度。

② 艺术与设计中的应用

矢量图形设计：从 Adobe Illustrator 到 Inkscape，几乎所有矢量图形软件都使用贝塞尔曲线。设计师可以轻松地创建复杂的图形和徽标。

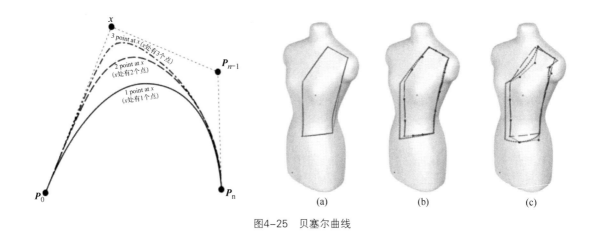

图4-25 贝塞尔曲线

字体设计：贝塞尔曲线用于定义数字字体中的字符轮廓，从而为字体提供流畅、一致的外观。

三维建模与动画：在 3D 建模中，贝塞尔曲线提供了一种高度灵活的方式来创建复杂的三维形状。同时，贝塞尔曲线在动画中也常被用作路径，指导物体或摄像机的运动。

用户界面与体验：滑动调整器、进度条和其他 UI 元素的流畅动画往往依赖于贝塞尔曲线来实现自然的动态效果。

③ 现代技术中的革新

基于 Web 的应用：CSS3 为 Web 开发者提供了贝塞尔曲线工具，使网页动画和过渡效果更加自然流畅。

手绘与数字绘图：数字绘图板和相关软件使用贝塞尔曲线来捕捉手绘线条的精确度和流畅度。

虚拟现实与增强现实：在 VR 和 AR 应用中，贝塞尔曲线和曲面被用来创建更真实的模拟环境和物体。

④ 未来展望

自动化与人工智能：随着技术的发展，未来可能会有自动化工具帮助设计师更有效地利用贝塞尔曲线和曲面。

更高级的数学模型：随着计算能力的增强，更复杂的数学模型，如 NURBS（非均匀有理样条），可能会在设计中得到更广泛的应用。

贝塞尔曲线与曲面不仅仅是数学概念，它们已经深深渗透到了我们的日常生活和艺术创作中。作为设计师，了解和掌握这些工具是至关重要的，因为它们打开了无尽的可能性和机会。

4.1.3.2　正在开发的算法

（1）神经符号学习算法

神经符号学习试图将深度学习（神经）和符号学习（传统的 AI）两种不同的方法结合起

来。这种融合提供了一种理解世界的方式，同时保持了逻辑推理的能力和模式识别的强大功能。神经符号学习算法结合了深度学习和传统符号逻辑，提供了更好的解释性。在设计领域，这可以帮助设计师理解 AI 如何做出特定设计选择，并提供有关其决策的反馈。随着科技的进步，艺术和设计领域不断地被重新定义。神经符号学习算法为我们提供了一种新的方式，将人工智能与艺术设计紧密地结合在一起，创造出前所未有的创意（图 4-26）。

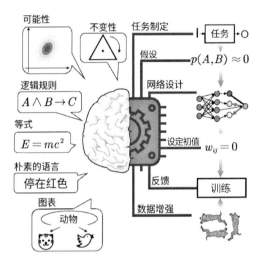

图4-26　将机器学习与人类知识相结合

① 艺术与设计中的传统符号

艺术的象征与语言：艺术作品经常使用符号和图案来传达信息或情感。

设计中的标志与标识：从品牌标志到用户界面，符号在设计中的重要性不言而喻。

② 神经网络在艺术与设计中的角色

生成艺术：使用 GAN 和其他技术，神经网络已经能够创作出令人印象深刻的艺术作品。

个性化设计：神经网络可以分析用户的喜好，并为其提供个性化的设计建议。

③ 神经符号学习在艺术设计中的应用

符号的自动识别与解释：神经符号学习可以帮助软件自动识别和解释艺术作品中的符号元素，为艺术家和设计师提供新的创意来源。

动态创作与推理：神经符号学习可以为艺术家提供实时反馈，帮助他们在作品中实现复杂的符号逻辑。

交互式设计：设计师可以利用神经符号学习来创建更加智能和交互式的设计，如自适应 UI 和智能家居。

④ 未来展望

人机合作的新纪元：随着神经符号学习的进步，艺术家和设计师将能够与 AI 更加紧密地合作，共同创作。

伦理与人工创造性：神经符号学习将带来关于创造性和机器创意的新的伦理问题。

神经符号学习为艺术与设计带来了无尽的可能性，为我们提供了一个全新的方式来理解和创造世界。这不仅仅是技术进步，更是艺术与科技结合的新纪元。

（2）量子机器学习（QML）

量子计算利用量子力学的特性，如叠加和纠缠，实现比经典计算更高效的信息处理。这种计算的增益为机器学习，特别是深度学习，提供了巨大的加速潜力。量子机器学习结合了量子计算和机器学习。利用量子物理特性进行超高速计算。随着量子计算的进步，这种方法可能会提供比现有技术更快、更高效的解决方案，尤其在复杂的设计优化任务中。随着量子计算的突破性进展，量子机器学习（QML）已成为技术前沿的研究焦点（图 4-27）。在艺术与设计领域，QML 为创作者带来了无限的可能性，为这一古老领域注入了新的活力。

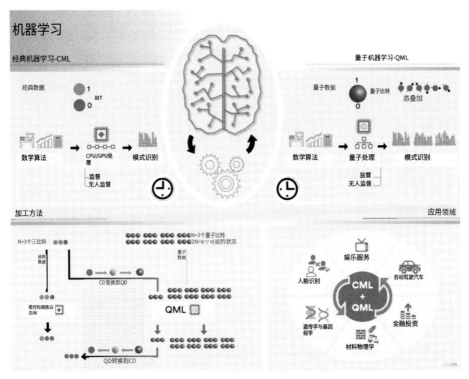

图4-27　量子机器学习

① 量子 – 经典混合模型

量子机器学习通常采用量子 – 经典混合模型，其中量子部分用于加速特定的计算过程，而经典部分则用于处理和预处理数据。虽然 QML 支持计算的加速，但其也面临着如误差校正和硬件限制等挑战。

② 量子机器学习在艺术与设计中的应用

量子增强的创意过程：QML 能够分析和学习复杂的艺术风格和模式，帮助艺术家创作更具深度和创新性的作品。

设计模拟与优化：在产品和工业设计中，QML 可用于快速模拟和优化设计方案，从而实现超乎想象的设计效果。

虚拟现实与增强现实：QML 为虚拟现实（VR）和增强现实（AR）提供了强大的后端支持，使得体验更为真实和沉浸。

③ 量子机器学习与传统艺术的结合

量子增强的艺术创作：利用 QML，艺术家可以深入探索传统艺术的各种风格和技巧，为其创作带来全新的维度。

量子艺术的诞生：新的艺术形式，如量子艺术正在崭露头角，它们直接受到量子力学和 QML 的启发。

④ 未来展望

量子计算的普及：随着量子计算的进一步发展和普及，QML 在艺术和设计中的应用会更为广泛。

艺术与技术的融合：量子机器学习标志着艺术与技术的融合，这为创作者带来前所未有的工具和灵感。

量子机器学习已经开始为艺术和设计领域开创新的路径。随着技术的进步，我们可以期待这一趋势将继续保持，从而提升艺术与设计的深度、复杂性和创新性。

（3）变分自编码器（VAEs）

VAEs 是一类生成模型，其通过潜在变量描述数据，并使用概率编码和解码过程来学习数据分布。这种概率建模方法使得 VAEs 可以生成新的、与训练数据相似的实例（图 4-28）。与其他流行的生成模型如 GAN 相比，VAEs 具有更好的概率解释性，并能更稳定地进行训练。

VAEs 可以生成和修改数据，同时还保留其特定的属性，可应用于创建具有特定风格或属性的设计元素。在数字艺术和设计盛行的时代，新技术和新算法如雨后春笋般出现。其中，变分自编码器（Variational Autoencoders，VAEs）被广大创作者用于打破创意边界，创造前所未有的艺术作品。以下将探索 VAEs 如何改变我们对艺术与设计的看法，并为这一领域带来何种创新。

① VAEs 在艺术创作中的应用

创建新的艺术风格：艺术家利用 VAEs 学习多种艺术风格，并生成具有混合属性的新型风格，从而创造独特的艺术作品。

音乐与声音设计：VAEs 也被应用于音乐生成，为作曲家和声音设计师提供了一种全新的创作方法，使他们能够深入探索声音的潜在空间。

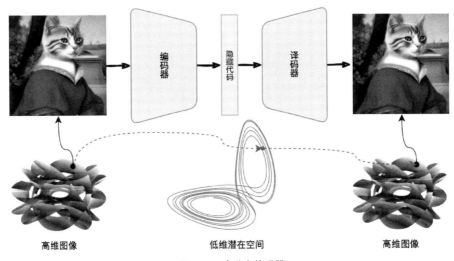

图4-28　变分自编码器

动画与影视制作：VAEs 的动态生成能力为动画师和影视制作人员提供了新的可能性，如生成复杂的背景场景或者为角色设计独特的外观。

② VAEs 在设计中的变革

产品与工业设计：设计师使用 VAEs 来模拟和生成多种设计草图，快速迭代并找到最佳设计方案。

服装与时尚设计：VAEs 被应用于服装设计，通过学习过去的时尚趋势来预测和生成新的设计概念。

建筑与室内设计：VAEs 可以帮助建筑师和室内设计师模拟多种设计方案，优化空间利用和美学表现。

③ 挑战与机遇

计算需求：虽然 VAEs 为艺术与设计带来了很多可能性，但其也需要大量的计算资源和专业知识来进行训练和应用。

艺术与机器的关系：VAEs 的应用引发了关于艺术创作本质的讨论，挑战了传统的艺术观念。

变分自编码器为艺术与设计专业打开了一扇全新的大门，使创作者能够跨越传统的创作边界，探索前所未有的创意空间。未来，随着技术的不断进步，我们有理由相信，VAEs 将为艺术与设计领域带来更多的创新和机遇。

（4）神经风格迁移

神经风格迁移是一种使用深度学习技术，在目标图像上应用参考图像的风格的方法。它通过优化目标图像，使其内容与原始图像相似，而风格与参考图像相似。神经风格迁移利用了卷积神经网络（CNN）中的特征图来表示图像的内容和风格。通过调整这些特征图，算法能够将参考图像的风格迁移到目标图像上（图 4-29）。

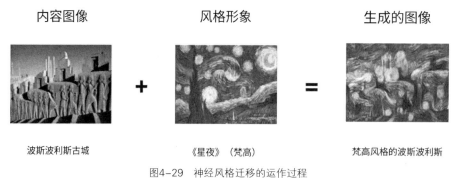

内容图像　　　　　　风格形象　　　　　　生成的图像

波斯波利斯古城　　　《星夜》（梵高）　　　梵高风格的波斯波利斯

图4-29　神经风格迁移的运作过程

这种算法可以捕获图像的风格，并将其应用到另一个图像上，创建与特定艺术家或风格相匹配的设计。各大 AIGC 工具正在开发，相关技术也愈发成熟。随着数字技术的快速发展，神经风格迁移成为一个让艺术家和设计师瞩目的领域。通过这项技术，创作者们能够在图像中应用不同的艺术风格，为传统艺术与设计带来全新的创意火花。以下将探讨神经风格迁移的应用和未来发展。

① 艺术与设计中的应用

数字艺术创作：艺术家们使用神经风格迁移技术重新诠释经典艺术作品，或将多种艺术风格融合，创作出全新的艺术品。

设计与品牌形象：设计师们使用神经风格迁移来为品牌创建独特的视觉形象，或为现有的设计注入新的创意元素。

影视与动画制作：在影视和动画制作中，神经风格迁移技术可以用于场景设计、角色造型等，为观众带来新颖的视觉体验。

② 挑战与机遇

技术限制：尽管神经风格迁移为创作者提供了新的工具，但它仍然存在一些技术限制，如难以处理高分辨率图像、保持图像内容的完整性等。

艺术与技术的碰撞：神经风格迁移引发了关于艺术创作的边界和机器在艺术中的角色的讨论，这为艺术与技术的融合提供了新的视角和思考空间。随着技术的进步和算法的优化，神经风格迁移有望在更多的领域得到应用，并为艺术与设计带来更深层次的变革。

神经风格迁移作为一种结合了艺术与技术的工具，为艺术家和设计师提供了全新的创作方式。这不仅丰富了我们的视觉体验，还为传统的艺术与设计领域带来了创新的思考。未来，随着技术的不断发展，我们期待见到更多使用神经风格迁移的令人震撼的艺术与设计作品。

4.1.3.3　可应用于设计领域的算法

（1）优化算法

优化算法旨在找到某一问题的最佳解决方案。粒子群优化是一种模拟鸟群觅食行为的算法，而遗传算法则模仿了自然选择和基因交叉的过程（图4-30）。这两种算法在求解复杂问题时都表现出了高效和灵活的特点。这两种是搜索最佳设计解决方案的算法。例如，在建筑设计中可以使用这些算法来找到最佳的建筑布局，以满足能效、成本和美学要求。

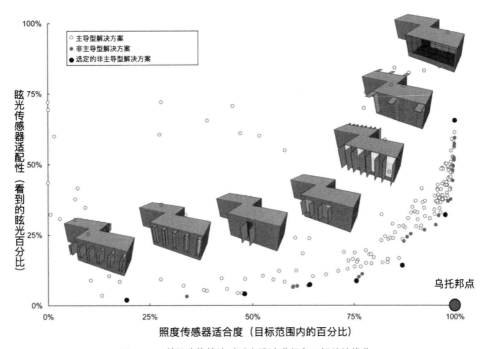

图4-30　利用遗传算法对采光设计进行多目标外墙优化

① 艺术与设计中的应用

参数化设计：在建筑和工业设计中，遗传算法被用来自动优化参数化设计的结果，从而得到更优的形态和功能。

艺术创作：艺术家利用粒子群优化和遗传算法来创作动态、自适应的艺术作品，这些作品可以根据环境和观众的反应进行自我调整。

动画与游戏设计：在动画和游戏设计中，优化算法被用来模拟复杂的动态行为，如人群模拟或自然界中的行为模拟。

② 优势与机会

提高效率：优化算法可以快速地为设计师提供多种可能的解决方案，从而使得设计过程更加高效。

创新设计：通过使用优化算法，设计师和艺术家可以探索前所未有的设计空间，得到创新和独特的设计结果。

个性化设计：优化算法允许设计师为每个用户或场景提供定制化的设计，从而实现真正的个性化设计。

③ 挑战与思考

与直觉的关系：当依赖算法进行设计时，设计师的直觉和经验是否还有用？如何在算法和直觉之间找到平衡？

技术与艺术的交互：在艺术创作中，技术和艺术之间的关系是什么？技术是否会限制或扩展艺术家的创意？

伦理与责任：当使用算法进行设计时，设计师应如何看待他们的责任和伦理？例如，算法可能会加强某些偏见或创造不可预见的结果。

优化算法，特别是粒子群优化和遗传算法，为艺术与设计提供了强大的工具。它们不仅提高了设计的效率，还为创意和创新打开了新的可能性。然而，同时也带来了新的挑战和问题，需要艺术家和设计师进行深入的思考和探索。在现代的艺术与设计实践中，优化算法已经成为一个不可或缺的工具，为创作者提供了一个全新的方式来看待和解决问题，从而为艺术与设计带来了前所未有的机会和挑战。

（2）强化学习

强化学习（Reinforcement Learning）是机器学习的一个子领域，它允许算法通过与环境的交互来学习和做出决策。与其他类型的机器学习不同，强化学习的目标是找到一个策略，以最大化未来的总奖励。通过试错的方式让机器学习如何做决策。该方法涉及智能体通过与环境互动来学习。在产品设计中，强化学习可以模拟产品在真实环境中的表现，从而优化设计，可应用于自动化设计布局，例如自动化界面设计或自动化建筑空间布局（图 4-31）。

① 艺术与设计中的应用

交互式艺术：强化学习在交互式艺术中得到了应用，艺术家使用这种算法使作品能够根据观众的反应进行自适应和变化。

用户界面设计：设计师利用强化学习来优化用户界面和交互，使之更加人性化，更能满足用户的需求。

动画与游戏设计：在动画和游戏设计中，强化学习被用来创建更加智能和真实的角色行为。

② 优势

动态适应：与传统的设计方法相比，强化学习允许设计师创建能够动态适应环境和用户的作品。

更大的创新空间：强化学习为设计师和艺术家提供了一个全新的创意工具箱，打开了前所未有的设计和创意空间。

自动化和效率：通过使用强化学习，设计的迭代和优化过程可以被自动化，大大提高了工作效率。

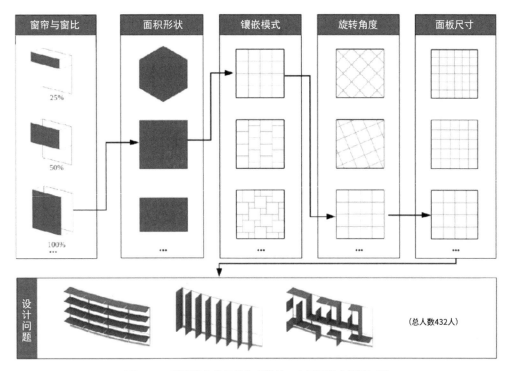

| 窗帘与窗比 | 面积形状 | 镶嵌模式 | 旋转角度 | 面板尺寸 |

图4-31　基于强化学习的生成设计，立面图案的设计过程

③ 挑战

训练数据和计算资源：强化学习通常需要大量的数据和计算资源，这对于很多艺术家和设计师来说可能是一个挑战。

创意的边界：设置算法和人类创意之间的边界是一个持续的讨论话题。

在21世纪，技术和艺术之间的边界变得越来越模糊。强化学习作为一个充满潜力的技术，为艺术与设计带来了无数的可能性。从动态艺术到用户界面设计，再到游戏和动画，强化学习在改变我们对创意和设计的看法。与此同时，我们也面临着一系列的挑战，如何平衡技术与艺术，如何培训下一代的艺术家和设计师，以及如何确保技术的发展不会损害我们的创意，这都是我们需要深入思考的问题。通过深入探索和实验，我们可以期待在未来看到更多令人惊叹的作品和创新设计。

（3）图像识别与处理

图像识别与处理的核心是计算机视觉，它允许机器"看"并解释图像和视频。这种技术涵盖了从简单的图像增强到复杂的物体识别和场景解析的各种任务（图 4-32）。这些算法可以识别和处理图像中的对象、形状和颜色，可以实现自动化图像编辑、色彩匹配、内容感知的填充等。图像识别是通过计算机视觉技术来自动检测和识别图像中的物体。而图像处理则是对图像进行操作和改进的技术，包括滤波、增强、复原和转换等。

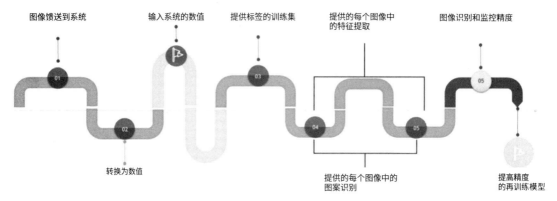

图4-32　图像识别路线图

　　艺术家利用图像识别技术创建互动艺术，作品可以识别并响应观众的动作和表情。设计师可以通过图像识别技术获取用户的数据和反馈，从而进行更精准的设计。设计师利用图像处理技术为用户创造沉浸式的体验，从时尚试衣到虚拟家居设计，应用广泛。艺术家使用图像处理技术创作数字艺术，如动态图片、数字绘画和算法艺术。图像识别与处理为艺术家和设计师提供了全新的创作工具，打破了传统的创作界限。

（4）自然语言处理

　　自然语言处理（NLP）用于理解和生成文本。设计师可以使用这些算法自动生成产品描述、广告文案或与客户进行交互。NLP 是使计算机能够理解、解析和生成人类语言的技术（图 4-33）。从简单的文字识别到复杂的情感分析，NLP 都扮演着至关重要的角色。

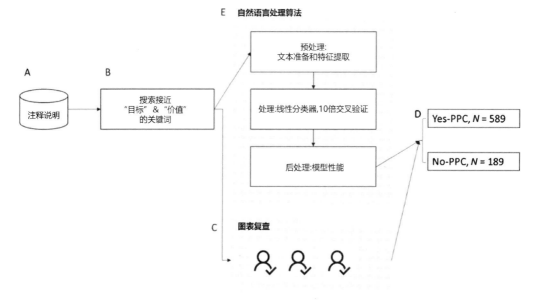

图4-33　自然语言处理

在当今的数字时代，艺术与设计的边界逐渐模糊，技术成为创意的强大工具。NLP 作为其中的一员，不仅仅被视为计算机科学的一部分，更是为艺术与设计开辟了新的领域和可能性。

① NLP 与艺术的交集

电子文学：使用 NLP，艺术家创作了电子诗歌、故事和其他新形式的文本艺术。这些作品可以实时响应读者的互动，为文学体验增添了新的维度。

语音驱动的视觉艺术：语音成为与艺术互动的新方式。通过 NLP 解析，观众可以通过语音控制艺术作品的展示，如变化的色彩或形状。

音乐创作：通过分析歌词和旋律，NLP 可以为音乐家提供新的创作灵感，甚至自动生成新的音乐作品。

② NLP 在设计中的应用

交互式界面设计：NLP 提供了与用户自然对话的界面，例如语音助手或聊天机器人，为用户提供更加人性化的体验。

内容策划：通过对大量文本数据的分析，NLP 能够自动生成内容，如新闻摘要、产品描述或广告语，为设计师提供更加客观和高效的内容创作方案。

情感分析与用户体验：利用 NLP，设计师可以更好地了解用户对于产品或服务的感受，从而优化设计策略。

③ NLP 与创意过程

创意辅助工具：NLP 可以作为一个创意助手，为艺术家和设计师提供创作建议、灵感来源和初步设计方案。

个性化体验：通过分析用户的语言习惯和反馈，NLP 能够为每个用户提供个性化的艺术和设计体验。

反馈循环：NLP 能够快速解析用户反馈，并自动调整设计策略，形成一个实时的创作和反馈循环。

技术与人文的平衡：在艺术与设计中引入 NLP 需要找到技术与人文的平衡点，确保作品不失艺术性和人性。

NLP 为艺术与设计开辟了新的领域，它不仅是一个高效的工具，更是连接技术与人文的桥梁。只有通过不断的探索和实验，我们才能真正理解并利用 NLP 的潜力，创造出真正具有价值和意义的艺术与设计作品。

（5）支持向量机

支持向量机（Support Vector Machine，SVM）用于分类和回归分析，可预测设计趋势或用户对特定设计的喜好。通过找到最优的超平面，SVM 可以有效地将数据分成不同的类别。这种方法在处理高维数据和解决非线性问题方面特别有效（图 4-34）。

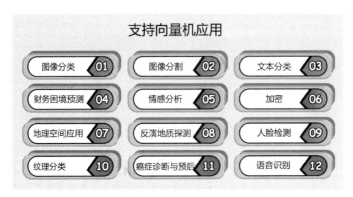

图4-34　支持向量机应用领域

① SVM 与艺术的交集

作品分类：艺术作品的风格、时代和流派分类常常是个主观过程。SVM 提供了一种客观的方式，通过对艺术品的各种特征进行分析，自动进行分类。

模式识别：对于某些艺术作品，如抽象画，其含义往往是模糊不清的。使用 SVM，可以从中提取出重复出现的模式和结构，为观众提供更深入的解读。

② SVM 在设计领域的应用

用户行为预测：通过对用户在应用或网站上的行为进行分析，SVM 可以帮助设计师预测用户的需求和喜好，为他们提供更加个性化的体验。

图像和视觉识别：SVM 在图像处理领域有着广泛的应用，包括颜色、形状和纹理的识别。这为平面设计、动画制作和虚拟现实设计提供了强大的工具。

交互式界面设计：SVM 可以识别用户的手势、面部表情和声音，为用户提供更加直观和自然的交互方式。

③ SVM 与创意过程

数据驱动的设计决策：设计师可以利用 SVM 分析的结果，更加客观地做出设计决策，如色彩搭配、布局选择等。

创意辅助工具：利用 SVM 识别出的模式和趋势，设计师可以获得新的创意灵感，为传统的设计方法增添新的元素。

④ 挑战

与传统艺术与设计的融合：如何将 SVM 与传统的艺术与设计方法相结合，创造出既有现代感又不失传统韵味的作品，是一个值得探讨的话题。

数据的质量与完整性：SVM 的效果很大程度上依赖数据的质量和完整性。如何获取高质量的数据，以及如何处理不完整或有噪声的数据，是 SVM 应用中需要解决的问题。

随着技术的进步，SVM 将有更多的应用场景和可能性，如与深度学习、神经网络等技术的结合，为艺术与设计领域带来更多的创新。支持向量机作为一种强大的机器学习技术，在艺术与设计领域有着广泛的应用前景。它不仅可以帮助设计师做出更加精确和客观的决策，还可以为他们提供新的创意灵感。随着技术的进步，我们期待SVM在未来能为艺术与设计领域带来更多的创新和突破。

（6）自组织映射

自组织映射（Self-Organizing Map，SOM）是一种用于数据可视化和降维的神经网络算法。其核心思想是将高维数据转化为低维的空间表示，同时保持数据的拓扑特性，用于将高维数据转化为低维空间，可将复杂设计数据进行可视化展示（图4-35）。

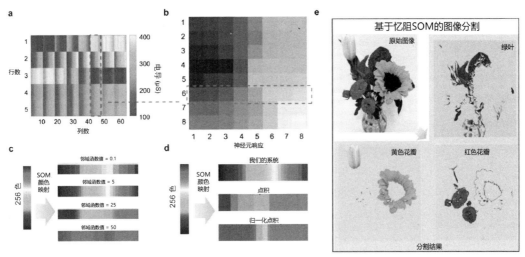

图4-35　自组织映射

① SOM与艺术的碰撞

艺术创作的启示：SOM在处理复杂数据集时，经常产生独特的模式和结构。这为艺术家提供了一种新的构思方式，将数据的抽象结构转化为具体的艺术形式。

数字艺术中的应用：数字艺术家已开始尝试使用SOM对图像和音乐进行处理，创造出既有规律性又具有随机性的作品，挑战观众的审美习惯。

② SOM在设计中的应用

用户界面设计：通过SOM的数据分类和模式识别，设计师可以更好地理解用户的行为和需求，进而设计出更加直观和用户友好的界面。

产品和空间设计：在产品和空间设计中，SOM可以帮助设计师识别和归纳出最受欢迎的设计元素和风格，从而为目标受众创造出更加合适的设计方案。

品牌形象和广告设计：品牌形象和广告设计往往需要准确地传达特定的信息和情感。SOM可以帮助设计师从大量的设计案例中找到最能打动受众的设计策略。

③ SOM与创意过程

SOM为设计师提供了一种新的思考方式，将数据转化为设计策略。这种方法不仅可以增强设计的针对性，还可以避免设计师陷入固定的思维模式。

④ 未来趋势

随着大数据和人工智能的发展，SOM 和其他神经网络技术将在设计中发挥越来越大的作用。设计师需要不断地学习和适应，将这些技术融入自己的创作过程中。

自组织映射作为一种强大的神经网络算法，在艺术与设计领域有着广阔的应用前景。它不仅为艺术家和设计师提供了新的创作工具，还为他们打开了一个全新的创意世界。随着科技的进步，我们期待看到更多由 SOM 驱动的艺术与设计作品。

4.2　人工智能产品设计工具

在现代设计行业中，人工智能技术与传统设计工具的融合已经深入每个角落。从硬件到软件，各种工具的使用让设计更加高效、精确，并能创造出前所未有的作品。本节将详细探讨这些工具及其在设计中的应用。

4.2.1　智能硬件

在设计过程中，物理硬件为设计师提供了与现实世界互动的窗口。特别是在人工智能与物联网（IoT）快速发展的当下，智能硬件已经成为设计领域的核心部分。以下是详细的智能硬件介绍。

（1）Makey Makey

Makey Makey 工具以其简单、灵活和创新的特点引起了广大设计师的注意。Makey Makey 是一个发明工具套件，允许用户将日常物品转变为触摸板。通过连接到计算机，用户可以利用这些物品来控制键盘和鼠标的功能，为创意实验和原型设计提供了无尽的可能性（图 4-36）。

Makey Makey 是美国麻省理工学院媒体实验室的两名学生开发的类似游戏手柄的电路板，其上面没有按键，却有很多接线孔。将这些接线孔用导电物体，如水果、饮料或是身体连接起来之后，Makey Makey 就能像键盘与鼠标一样控制电脑。通过实际动作控制游戏，例如香蕉钢琴键。使用 Makey Makey 不需要任何编程，将 Makey Makey 用 USB 线连接至电脑就能开始工作。在工业设计领域，Makey Makey 被广泛应用于原型设计和用户体验测试。

为什么触摸连接在 Makey Makey 板子上的香蕉、金属扣等物体就会发出指令？因为 Makey Makey 的主控上连接了一个大阻值的电阻，当导电物体与电阻串联之后，外部电路的分压会变小，检测到电压变化后，主控器便会向外送出按键指令。如图 4-37 中的音符衣服，衣服金属件当作导体，连接对应音符，拍打衣服便可以制作简单的音乐。

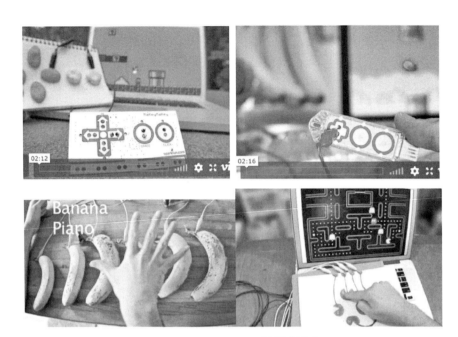

图4-36　Makey Makey开发板的创意应用

图4-37　音符衣服

创意互动展示：设计师使用 Makey Makey 将日常物品转化为互动展示工具，如使用香蕉作为钢琴键盘，为展览增添互动性和娱乐性。

物理产品原型测试：在设计新的用户界面或物理交互时，Makey Makey 提供了一个快速原型的方法，使设计师能够快速测试和迭代他们的想法。

促进快速原型设计：Makey Makey 简单和直观的使用方式使得设计师能够快速构建和测试他们的设计思路，大大缩短了从概念到原型的时间。

提高用户体验设计的参与度：Makey Makey 为用户提供了一个更加直观和有趣的互动方式，使得用户更加愿意参与到产品设计的过程中，从而提高产品的用户体验。

（2）Arduino 开发板

Arduino 作为一种开源硬件平台，在工业设计领域逐渐显示出其不可忽视的影响。Arduino 作为一个开源电子原型平台，已经超越了其原始的科技领域，进入了艺术与设计的殿堂。它是为艺术家、设计师、爱好者和任何对创造互动对象或环境感兴趣的人设计的。Arduino 是基于开放源代码的单片微控制器，它能够读取各种输入，如光或手指的压力，并转化为输出，如激活电机或打开 LED 灯（图 4-38）。以下特点使其广受欢迎。

图4-38　Arduino开发板种类与应用

开源性：任何人都可以使用 Arduino 的设计文件来制造自己的 Arduino 板。

跨平台：Arduino IDE 在 Windows、Macintosh OSX 和 Linux 操作系统上都可用。

丰富的库：社区提供了丰富的免费软件库和例子，帮助新手快速开始。

使用 Arduino，艺术家们可以实现观众与作品之间的互动。这不仅是物理上的互动，还可以是情感、心理上的互动。在技术与艺术的交叉点上，Arduino 为艺术家和设计师提供了一个平台，使他们可以将数字技术与物理世界相结合。这种融合为创作带来了前所未有的可能性。比如某互动装置艺术作品，使用 Arduino 感应观众的心跳，并将其转化为可视化的灯光变化，使观众感受到自己与作品的"心跳"同步。

Arduino 为产品设计师提供了一个工具，使其可以在设计过程中加入互动元素，如感应灯或声音响应机制。例如，使用 Arduino 制作的互动壁画，可以根据环境光线、声音或人的移动来改变其色彩或形态。Arduino 让时装不再只是外表，而是与穿戴者产生互动。例如，衣服可以根据穿戴者的情绪、体温或环境因素改变颜色。结合 3D 打印技术，Arduino 可以驱动机械雕塑，实现动态变化。设计师可以使用 Arduino 为家具增加互动功能，例如能够响应用户需要的灯具或自动调整的桌椅。Arduino 不仅是一个现代化的工具，它也可以与传统的艺术与设计方法相结合。例如，木雕艺术家可能会使用 Arduino 来为他的雕塑增添互动元素，如移动或发光。Arduino 为艺术与设计学生提供了一个跨学科的学习平台，鼓励他们探索电子、编程和设计的交叉点。Arduino 的开放性和可扩展性激励学生发挥创意，进行创新设计。

随着 AI 技术的进步，Arduino 的应用范围和深度都将进一步增强。我们可以预见，Arduino 在艺术与设计领域将持续引发新的思考与探索，推动艺术与设计向更加互动、人性化和多元化的方向发展。Arduino 作为一个桥梁，成功地将技术与艺术与设计结合在了一起。它为艺术家和设计师提供了无限的可能性，使他们能够创作出前所未有、充满互动性的作品。在未来，Arduino 会在艺术与设计领域产生更多革命性的变革和启示。

（3）Leap Motion

手势识别和身体动作识别技术已经引领了一场数字艺术与设计的革命。Leap Motion 作为这一领域的代表性工具，为艺术家和设计师提供了一种全新的互动方式（图 4-39）。Leap Motion 是一个小巧的 USB 设备，可以捕捉手部和单个指关节的细微动作，它能够以惊人的精确度追踪用户的手部和指尖动作。

图4-39　Leap Motion控制器

① 特点

高精度：能够感知手指的微小移动。

低延迟：实时追踪和响应手部动作。

开放的开发平台：为开发者提供了多种编程语言的接口。

Leap Motion 和其他手势识别技术为艺术与设计带来了前所未有的互动体验。Leap Motion 作为一款手势识别设备，允许用户通过自然的手势来控制和与数字内容互动，无需任何物理界面。这为艺术与设计领域的创作者提供了一个全新的表现工具。Leap Motion 使用高速摄像头和红外 LED 光来检测用户手部的精确运动。其精度和快速响应性为多种应用场景提供了广泛的可能性。

② 在艺术与设计中的应用

互动装置艺术：艺术家使用 Leap Motion 创作出能够感知观众手势的装置，为观众提供身临其境的互动体验。一名艺术家创建了一个利用 Leap Motion 技术的数字艺术装置，当观众通过手势绘制空中图案时，装置会相应地变化光影和声音，为观众带来沉浸式的艺术体验。

舞台表演与音乐创作：舞者和音乐家利用 Leap Motion 控制音乐和舞台效果，为传统表演增加创新元素。

三维建模与原型设计：设计师通过 Leap Motion 进行更为直观的 3D 建模操作，提高设计效率。

UI/UX 设计：Leap Motion 开辟了新的用户界面设计方向，用户可以通过手势控制和导航，感受更为自然的交互体验。某设计公司利用 Leap Motion 为其展示中心设计了一个未来主题的展览，观众可以通过简单的手势来获取产品信息，浏览 3D 模型或与虚拟内容互动。

虚拟现实与增强现实：Leap Motion 为 VR 与 AR 领域提供了更自然的交互方式。

产品与界面设计：设计师可以为产品或数字界面设计更加直观和有趣的手势控制功能。某设计团队为智能家居产品设计了 Leap Motion 控制界面，用户可以通过手势控制家中的各种设备。

时尚与可穿戴技术：与 Leap Motion 结合，设计师可以创造具有互动特性的时尚单品。一位时尚设计师为其服饰加入了传感技术，当人们移动手部时，衣物上的图案会发生变化。

③ 优势

强化观众与作品的连接：手势识别技术使观众更加深入地参与和体验作品，从而加深观众与作品的情感连接。

强化互动性与沉浸感：Leap Motion 的手势识别技术强调了观众与作品之间的互动，使得艺术与设计更加生动、有趣。

扩展创作工具的边界：传统的艺术与设计工具，如画笔、雕刻刀被数字化工具替代，LeapMotion 等设备则进一步扩展了这一边界，提供了更为广泛的创作可能性。

Leap Motion 和其他手势识别技术正在重新定义艺术与设计的边界，为创作者提供更广阔的表达空间。随着技术的进一步发展，我们期待看到更多富有创意和创新的应用实例，进一步丰富艺术与设计的领域。

（4）Kinect

最初为 XBOX360 设计的 Kinect，是一款可以捕捉全身动作的传感器，后来被广泛应用于多种互动应用中。Kinect 自 2010 年发布以来，其不只应用于游戏界，艺术家和设计师纷纷探索其在数字艺术、舞蹈、互动设计等领域的应用。Kinect 通过红外摄像头、彩色摄像头和多个传感器，精准捕捉人体动作，可以对 3D 空间中的对象进行深度识别，Kinect 为创意人员提供了新的工作平台（图 4-40）。

① 特点

深度感知：利用红外技术，能够感知 3D 空间的物体。

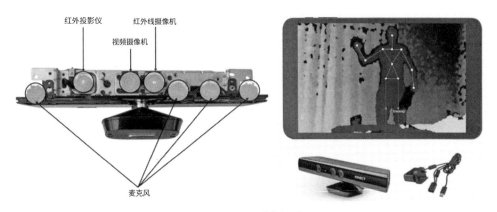

图4-40　Kinect动作识别工具

面部和语音识别：除了动作，还可以识别面部特征和用户语音。

② 在艺术与设计中的应用

互动装置艺术：艺术家利用 Kinect 创建反映观众动作的装置，为观众提供参与式体验。某互动装置通过观众的手势，展示变化的 3D 光影艺术效果。

舞蹈与表演艺术：舞者与 Kinect 结合，通过动作生成视觉效果。舞者的动作会触发背景的视觉特效，与其表演同步。

产品设计：利用 Kinect 进行快速原型设计，特别是在需要模拟人体交互的设计中。

空间与室内设计：通过 Kinect 捕捉空间信息，帮助设计师模拟和测试室内环境。在某博物馆的互动展区，设计师利用 Kinect 为观众提供虚拟导览体验。

③ 优势

增强互动性：Kinect 为作品提供实时反馈，增强了观众与作品之间的互动。

跨学科创作：结合技术与艺术，鼓励艺术家、设计师、程序员等跨学科合作。

打破传统界限：Kinect 提供的工具和平台，为创作者提供了跳出传统框架的机会，进行更为前卫的创作。

Kinect 的广泛应用代表了技术与艺术之间的紧密结合，为艺术与设计带来了革命性的改变。随着技术的不断发展，预计将有更多的工具涌现，与艺术家和设计师合作，推动创意产业向前发展。这款动作识别工具的诞生与普及，不仅为游戏玩家带来了革命性的体验，也为艺术与设计领域开启了一个崭新的篇章。

（5）3D 打印

3D 打印机是一种增材制造机器，它可以根据数字模型制造出实体物品。3D 打印技术作为当代最具革命性的创新之一，正在为艺术与设计领域带来深远的影响。3D 打印，又称为增材制造，是一种通过逐层堆叠材料来创建三维物体的技术。其工作原理是根据数字模型的指示，打印机会逐层喷射或固化特定材料，从而形成实体物体。

自从3D打印技术诞生以来，其在各个领域的应用都受到了广泛关注。在艺术与设计领域，3D打印不仅为创作者提供了新的制造工具，还打破了传统制造的限制，引领了一场创意革命（图4-41、图4-42）。

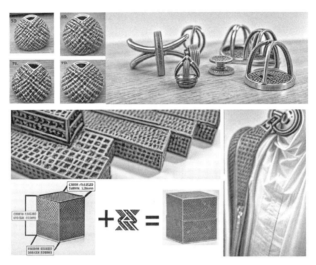

图4-41　晶格结构设计3D打印于人工骨骼植入物之应用

图4-42　法国汽车公司布加迪（Bugatti）以钛合金3D打印新型刹车卡钳

① 在艺术与设计中的应用

雕塑与装置设计：艺术家们利用3D打印创作出前所未有的复杂雕塑，这些作品往往难以通过传统手工或机械方法完成。艺术家使用3D打印创作的细致的生物形态结构，展示了自然与技术的完美结合。

艺术复制与修复：3D打印技术使得艺术品的复制和修复变得更为简单，不仅可以复制外形，还可以模拟材料的质地和颜色。

产品原型设计：设计师可以快速地将自己的数字设计转化为实体原型，对设计进行测试和修改。

定制化设计：3D打印为消费者提供了个性化的产品选择，如专属的珠宝、眼镜框等。一些品牌为消费者提供在线定制鞋子的服务，消费者可以根据自己的脚型和喜好，定制独一无二的鞋子。

家居与建筑设计：从家具到房屋，3D打印正在重新定义我们的生活空间。使用3D打印技术建造的桥梁和建筑，不仅造型独特，而且结构稳固。

服装与配饰设计：设计师正在探索如何将3D打印与纺织品相结合，制作出前所未有的创意服装和配饰。

② 优势

创新与自由：3D打印消除了传统制造的许多限制，为艺术家和设计师提供了更大的创作自由。

可持续性：3D打印可以按需制造，减少浪费，支持环境友好的材料，如生物可降解塑料。

教育与培训：3D打印为教育者提供了新的教学工具，帮助学生更好地理解设计和制造的原理。

3D打印技术已经深入艺术与设计的各个领域，并带来了翻天覆地的变革。从雕塑到产品设计，3D打印都展现出了无穷的潜力。对于艺术家和设计师来说，3D打印不仅是一个工具，更是一场关于创造力和未来的革命。在这个技术与艺术交织的时代，3D打印将继续引领着我们探索新的创意边界，它证明了技术与创意可以完美地结合，为我们的生活增添了无限的可能性和魅力。

（6）激光切割机

激光切割是使用高功率激光束来切割材料的过程。其原理是激光束对材料产生足够的热量，使其熔化或气化，从而达到切割的目的。随着科技的发展，激光切割技术在艺术与设计领域中占据了越来越重要的位置。激光切割机，一台可以精确切割材料的设备，为艺术家和设计师提供了无限的可能性。下面将从艺术与设计的视角探讨激光切割机的特点、应用和趋势。

① 特点

精度高：激光切割可以达到极高的精度，误差范围在0.1mm以下。

灵活性：由于激光切割不依赖机械部件，设计师可以自由地设计任何形状和图案。

速度快：在某些应用中，激光切割速度远超传统方法。

边缘光滑：激光切割后的材料边缘平滑无毛刺，减少了后期处理的需求。

② 在艺术与设计中的应用

雕塑与装置艺术：艺术家可以使用激光切割机制作精细的雕塑或装置。例如，美国艺术家朱利安·沃斯 – 安德烈（Julian Voss-Andreae）利用激光切割技术制作了一系列基于蛋白质结构的雕塑。

服装与饰品设计：设计师使用激光切割机在皮革、纺织品上制作独特的图案，如现代的一些鞋履设计，运用激光切割技术在鞋面上创造出精细的纹理和图案。

家居与家具设计：木材、金属、玻璃等材料可以通过激光切割制作成精美的家具和装饰品。例如，一些现代的吊灯设计，运用激光切割技术在材料上雕刻出复杂的图案。

③ 未来趋势

多材料混合：随着激光技术的发展，激光切割的应用将更加广泛。激光切割可以同时处理多种材料，使得艺术家和设计师可以创造出前所未有的作品。

个性化生产：与 3D 打印技术结合，激光切割可以实现大规模个性化生产，满足消费者的个性需求。

环境友好：激光切割减少了材料浪费，有助于实现可持续发展。

激光切割技术为艺术与设计提供了一个强大的工具，开启了无限的可能性。设计师和艺术家可以利用这项技术创造出前所未有的作品，推动艺术与设计领域的创新与发展。

（7）传感器与执行器

传感器与执行器广泛应用于艺术创作与设计作品中，传感器是一种能够检测周围环境中的变化（如温度、光线、声音等）并将其转化为可供系统使用的信号的设备。而执行器则根据接收到的指令，进行相应的物理动作，如移动、旋转或发出声音。

随着科技的不断进步，传感器与执行器在艺术与设计中的应用已成为一个新的探索领域。这些微小但功能强大的设备正在逐步改变艺术与设计的传统形态，并为创作者提供前所未有的可能性。传统意义上，艺术与设计是表达人类情感、想法和观念的手段。但现代技术为艺术家和设计师开辟了新的创作空间，让作品与观众产生前所未有的互动。下面将从艺术与设计的角度，深入探讨传感器与执行器的特点、应用、设计挑战与未来趋势。

① 特点

可供广泛地选择：市场上有各种类型的传感器和执行器，可以满足不同的需求。

易于集成：可以轻松与 Arduino 或其他微控制器集成，例如智能门铃，当有人靠近时，超声波距离传感器触发，门铃自动响起。

② 在艺术与设计中的应用

传感器和执行器的结合，为艺术与设计带来了巨大的创新空间。以下是一些应用实例。

交互式装置艺术：艺术家们利用传感器捕捉观众的动作或声音，并通过执行器实现与观众的互动。例如，有的装置艺术当观众走近时，传感器能够检测到观众的距离，并指导执行器做出相应动作，如发光、移动或发声。

智能服装设计：在时装中嵌入传感器和执行器，可以实现多种有趣的功能。例如，一件衣服可以通过传感器感知温度，并通过执行器调整衣服的颜色或材质，以适应不同的环境条件。

互动式家具设计：家具也可以与人们互动。想象一下，当你走近一张沙发，它自动为你调整坐垫的软硬和高低，完全根据你的喜好。

③ 常用的 Arduino 传感器及其应用（图 4-43）

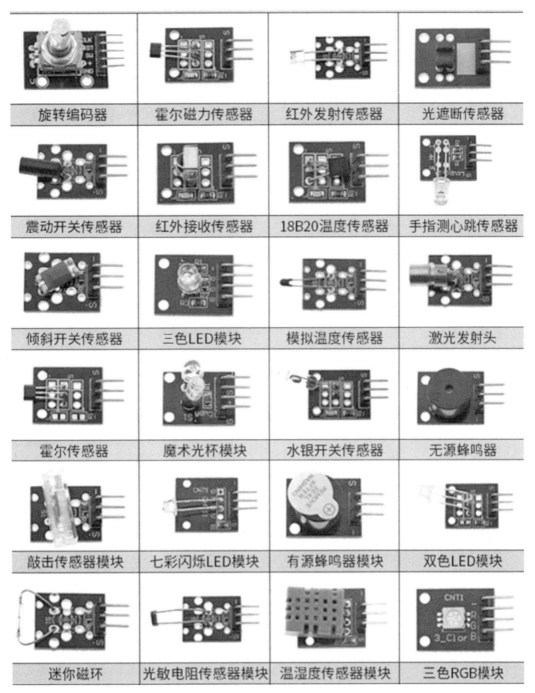

旋转编码器	霍尔磁力传感器	红外发射传感器	光遮断传感器
震动开关传感器	红外接收传感器	18B20温度传感器	手指测心跳传感器
倾斜开关传感器	三色LED模块	模拟温度传感器	激光发射头
霍尔传感器	魔术光杯模块	水银开关传感器	无源蜂鸣器
敲击传感器模块	七彩闪烁LED模块	有源蜂鸣器模块	双色LED模块
迷你磁环	光敏电阻传感器模块	温湿度传感器模块	三色RGB模块

图4-43

图4-43　常用的Arduino传感器

按键开关模块	小双色LED模块	高感度声音传感器	数字温度传感器
线性霍尔传感器	小麦克风传感器	火焰传感器	磁簧开关传感器
人体触摸传感器	循迹传感器模块	避障传感器模块	继电器模块
XY摇杆传感器模块	水位传感器模块	DS1302时钟模块	陀螺仪模块
土壤湿度模块	降压模块	SD卡读写模块	超声波模块

a. 温度传感器

原理：利用材料的电阻随温度变化的特性，如 NTC 热敏电阻。

功能：检测环境或物体的温度。

设计结合：智能家居系统中，控制空调或供暖设备。

应用实例：Arduino 连接温度传感器，实现自动调节室内温度。

b. 光传感器

原理：光的强度会改变传感器的电阻值，如光敏电阻。

功能：测量光的强度。

设计结合：自动控制室内灯光或自动调节屏幕亮度。

应用实例：Arduino 与光传感器结合，制作日夜自动开关的街灯。

c. 超声波距离传感器

原理：发出超声波，计算反射回来的时间，从而确定距离。

功能：测量物体的距离。

设计结合：自动避障机器人或停车辅助系统。

应用实例：Arduino 连接超声波距离传感器，实现家用机器人的自动避障功能。

d. 人体红外传感器

原理：检测到人体的红外辐射。

功能：检测人体或动物的存在。

设计结合：智能报警系统或自动门控制。

应用实例：Arduino 与红外传感器结合，制作自动开关的浴室灯。

e. 湿度传感器

原理：利用材料的电阻或电容随湿度变化的特性。

功能：测量空气湿度。

设计结合：与温度传感器结合，实现智能气候控制。

应用实例：Arduino 连接湿度传感器，制作室内植物的智能浇水系统。

f. 压力 / 力传感器

原理：物体施加的压力或力会改变传感器的电阻值。

功能：测量压力或力。

设计结合：智能体重秤或触摸反馈系统。

应用实例：Arduino 与压力传感器结合，制作电子钢琴键盘。

g. 加速度计和陀螺仪

原理：测量物体的加速度和角速度。

功能：确定物体的运动状态。

设计结合：游戏控制器或虚拟现实设备。

应用实例：Arduino 与加速度计结合，制作动作控制的游戏手柄。

h. 气体传感器

原理：检测特定气体分子导致的电流变化。

功能：检测空气中的特定气体，如 CO_2、烟雾等。

设计结合：环境监测或智能家居系统。

应用实例：Arduino 连接气体传感器，制作家用燃气泄漏报警器。

i. 旋转编码器

原理：通过旋转的角度检测电气信号的变化。

功能：测量设备的角度变化或位置。

设计结合：用于机器人轮子的定位、旋转门的角度控制。

应用实例：KY-040 旋转编码器。

j. 弯曲传感器

原理：材料的电阻随着弯曲而改变。

功能：检测物体的弯曲程度。

应用实例：在手套上集成，为虚拟现实应用捕捉手指动作。

k. Wi-Fi 模块

原理：无线通信模块，可与网络连接。

功能：为 Arduino 提供无线连接能力。

应用实例：远程控制的智能家居设备。

l. 直流电机

原理：电流驱动的机械运动。

功能：为项目提供运动能力。

应用实例：小型机器人的驱动。

m. 步进电机

原理：可以精确控制旋转角度的电机。

功能：在需要精确控制的项目中提供动力。

应用实例：3D 打印机的各轴控制。

n. 电位器

原理：可变电阻。

功能：控制电流。

应用实例：调节灯的亮度或音响的音量。

o. 霍尔传感器

原理：基于霍尔效应，检测磁场变化。

功能：测量磁场的存在和变化。

应用实例：作为开关使用，如门磁报警。

p. 火焰传感器

原理：检测特定波长的红外光。

功能：火焰或高温的侦测。

应用实例：火警报警系统。

q. 碰撞传感器

原理：当发生碰撞时，内部开关闭合。

功能：检测物体碰撞。

应用实例：机器人避障或停车辅助。

r. 声音传感器

原理：通过电容麦克风转换声波为电信号。

功能：检测环境中的声音强度。

应用实例：声控开关或噪声检测系统。

s. 触摸传感器

原理：通过物体的电容变化检测触摸。

功能：检测物体是否被触摸。

应用实例：触摸屏或智能门铃。

t. 倾斜开关

原理：内部含有小球和两个触点，当开关倾斜时，小球滚动并连接触点完成电路。

功能：检测倾斜或颠簸。

应用实例：用于玩具、闹钟的倾斜开关。

u. 滑动电阻

原理：手动滑动控制电阻值。

功能：调节电流。

应用实例：作为音量控制滑动条。

v. 蓝牙模块

原理：无线通信技术，用于近距离数据传输。

功能：为 Arduino 提供无线通信能力。

应用实例：手机通过蓝牙控制 Arduino 项目。

w. 磁力传感器

原理：检测周围的磁场强度。

功能：磁场检测。

应用实例：指南针应用、门磁检测。

x. 食人鱼模块

原理：通常是指一种发光二极体（LED）模块。

功能：发光。

应用实例：各种光效显示、状态指示。

y. 激光头模块

原理：发射特定波长的激光。

功能：激光发射。

应用实例：激光测距仪、激光打标机。

z. 循迹模块

原理：通常基于红外线，检测地面的颜色变化。

功能：使机器人沿着特定轨迹移动。

应用实例：自动跟踪小车。

aa. 红外避障模块

原理：发射红外光并接收反射，判断障碍物。

功能：检测前方障碍物。

应用实例：机器人避障。

ab. 时钟模块

原理：基于实时时钟芯片，如 DS3231 时钟芯片。

功能：提供精确的时间和日期。

应用实例：Arduino 时钟项目、定时器。

ac. 气压传感器

原理：测量周围的气压。

功能：气压和高度测量。

应用实例：天气监测、高度检测。

ad. 语音识别模块

原理：识别特定的语音指令。

功能：语音控制。

应用实例：语音控制的智能家居、机器人。

ae. 灰尘传感器

原理：测量空气中的颗粒物。

功能：空气质量检测。

应用实例：家用空气净化器、环境监测站。

af. 皮肤电传感器

原理：测量皮肤上的微小电压。

功能：监测情绪或生理状态。

应用实例：生物反馈装置、情绪识别。

ag. 脑电波模块

原理：捕捉和分析来自大脑的电信号。

功能：脑波检测和分析。

应用实例：冥想辅助设备、脑控游戏。

ah. 肌肉电信号传感器

原理：检测肌肉产生的电信号。

功能：肌肉活动检测。

应用实例：生物反馈、虚拟现实手套。

这些传感器和模块大大扩展了 Arduino 在设计和创新中的应用范围，为各种创意项目提供了无限可能性。上述每个传感器和模块都有其特点和应用范围。而结合 Arduino 这样的开源平台，其潜在的应用可能性是巨大的。对于设计师、工程师和创作者来说，这些传感器和模块为他们提供了强大的工具，可以将他们的创意转化为现实。

④ 设计挑战与机遇

设计复杂性：引入传感器和执行器可能会增加设计的复杂性，设计师需要具备一定的技术知识。

持久性与可维护性：与传统艺术品或设计品相比，含有传感器和执行器的作品可能更加容易损坏，维护起来也更为困难。

技术限制：当前的传感器和执行器可能无法满足某些创意的需求。

成本问题：高级的传感器和执行器可能昂贵，增加了作品或产品的成本。

大众接受度：不是所有人都接受或理解技术与艺术的结合，可能需要时间让大众逐渐适应。

随着技术的不断进步，传感器和执行器的尺寸正在变小，功耗也在减少，这为艺术与设计提供了更多的可能性。此外，这种跨学科的融合也为艺术家和设计师提供了一个探索新领域、实现自我超越的机会。

⑤ 未来趋势

随着物联网和人工智能技术的发展，传感器与执行器的应用将进入一个全新的阶段。

更高度的个性化：艺术品与设计品可以根据每个人的喜好、习惯和情绪进行调整，为人们提供独特的体验。

更广泛的社交互动：通过传感器与执行器，艺术品与设计品可以与人们甚至是其他艺术品进行交互，创造出一个全新的社交网络。

传感器与执行器为艺术与设计提供了一个前沿的探索领域。通过将技术与艺术融合，我们可以打破传统的界限，实现真正的创新与超越。对于那些勇于挑战、渴望创新的艺术家和设计师来说，这无疑是充满机遇的。

（8）Raspberry Pi

Raspberry Pi 是一款低成本、信用卡大小的微型电脑，由英国的 Raspberry Pi 基金会开发。其目的是促进学校中的计算机科学教育，但因功能强、便携性和低成本迅速使其成为创作者的首选工具，并逐渐成为数字创作者、艺术家、设计师和教育者的必备工具。下面将从艺术与设计的视角探讨 Raspberry Pi 的影响、应用以及未来趋势。

① Raspberry Pi 的开放性和多功能性

开源软件：Raspberry Pi 支持多种开源操作系统，如 Raspbian 和 Linux，为创作者提供了一个强大、灵活的平台。

模块化设计：Raspberry Pi 的 GPIO（通用输入输出）引脚允许用户连接各种外部设备和传感器，如 LED 灯、摄像头、声音模块等。

社区支持：强大的社区为创作者提供了无数的教程、项目和灵感。

② 在艺术与设计中的应用

交互式艺术装置：许多艺术家使用 Raspberry Pi 为他们的作品添加交互元素。例如，通过连接摄像头或传感器，观众可以与装置互动，创作出随着时间和空间变化的艺术品。

数字艺术展示：Raspberry Pi 可以连接显示器或投影仪，为艺术家提供了一个简单、经济的方式展示他们的数字艺术。

嵌入式设计：设计师经常使用 Raspberry Pi 为他们的产品原型添加智能功能，例如家庭自动化系统、智能镜子等。

③ 具体应用实例

音响艺术：艺术家使用 Raspberry Pi 创建交互式声音装置，观众可以通过触摸、移动或其他方式与之互动。

灯光设计：设计师使用 Raspberry Pi 控制 LED 灯的颜色和亮度，为场地或活动创造独特的氛围。

时尚与服装：通过将 Raspberry Pi 嵌入衣物中，设计师可以创建智能服装，如显示信息的 T 恤、随音乐节奏变化的裙子等。

④ 挑战

技术门槛：尽管有许多教程和资源，但对于非技术背景的艺术家和设计师来说，使用 Raspberry Pi 仍然需要一定的学习和实践。

硬件限制：虽然 Raspberry Pi 非常强大，但它仍然是一个微型电脑，可能不适合所有应用。

⑤ 机遇

创新的表达方式：Raspberry Pi 为艺术家和设计师提供了一个新的创作工具，使他们能够以前所未有的方式表达自己。

跨学科合作：Raspberry Pi 项目往往需要艺术、设计、编程和工程等多学科的合作。

随着技术的发展，我们可以预见 Raspberry Pi 在艺术与设计领域的应用会越来越广泛。可能会有更多的模块、工具和资源为创作者提供支持，使其成为未来艺术与设计领域的一个重要部分。Raspberry Pi 不仅仅是一个微型电脑，更是一个连接技术与艺术的桥梁。通过这个小巧但功能强大的工具，艺术家和设计师可以探索新的创作方式，挑战传统的边界，并开启新的可能性。

（9）VR/AR 眼镜

VR/AR 眼镜是近年来技术与艺术领域中最为炙手可热的焦点。VR 眼镜能够提供一种全沉浸式的体验，让用户仿佛置身于一个完全虚拟的世界中；而 AR 眼镜则将计算机生成的图像叠加到真实世界中，为用户提供增强的现实体验。它们不仅为用户提供了全新的互动体验，还为艺术家和设计师打开了无数的创意大门。以下将探讨 VR/AR 眼镜在艺术与设计领域的应用、挑战及未来展望。

① 在艺术中的应用

虚拟美术馆与展览：艺术家和策展人利用 VR 创建虚拟的艺术空间，用户可以在家中参观全球的美术馆和展览。

交互式艺术：利用 AR 眼镜，艺术作品能够根据观众的行为和反应进行实时变化。

沉浸式剧场：传统的剧场表演与 VR 技术结合，为观众提供身临其境的体验。

② 在设计中的应用

产品原型设计：设计师可以使用 AR 眼镜为他们的设计创建 3D 模型，这不仅可以帮助他们更好地理解设计的结构和功能，还可以实时收集用户的反馈。

建筑与室内设计：利用 AR 技术，设计师可以在真实空间中模拟不同的设计方案，为客户提供直观的参考。

时尚与配饰：设计师利用 VR 和 AR 技术为用户提供试穿和定制的体验，使设计过程更加人性化。

③ 具体应用实例

虚拟雕塑园：艺术家创建了一个只存在于虚拟世界中的雕塑园，用户可以通过 VR 眼镜在其中自由漫游，与雕塑互动。

历史场景重现：通过 AR 技术，博物馆为游客提供了一种新的参观体验，让他们可以亲历历史事件，感受历史人物的生活。

智能家居设计：设计师利用 AR 眼镜为客户模拟不同的家居布局和装修风格，帮助他们找到最适合自己的方案。

④ 挑战

技术门槛：尽管 VR 和 AR 技术已经变得越来越成熟，但对于大多数艺术家和设计师来说，它仍然是一个相对陌生的领域，需要花费时间和精力进行学习和研究。

硬件限制：目前的 VR/AR 眼镜仍然存在一些问题，如续航时间短、视角有限等。

⑤ 机遇

多维度的艺术表达：传统的艺术作品只能在二维或三维空间中存在，而 VR 和 AR 技术为艺术家提供了一个多维度的创作平台，使艺术作品能够跨越时空的界限。

与观众的深度互动：与传统的艺术作品相比，VR 和 AR 作品更加注重与观众的互动，这不仅可以增强观众的参与感，还可以为艺术家提供实时的反馈。

随着技术的不断发展，我们可以预见，虚拟现实（VR）和增强现实（AR）在艺术与设计领域的应用将会日益普及。未来可能会涌现更多工具和平台，为艺术家和设计师提供支持，使其成为艺术与设计领域中不可或缺的一部分。

（10）CNC 机床

CNC 即"数控"，是"Computerized Numerical Control"的缩写。CNC 机床是通过计算机进行控制，按照预先编程的设计图纸进行精确加工的一种机械。它可以对各种材料进行切割、雕刻、打孔等操作。

在当今的制造业中，CNC 机床已经成为一种不可或缺的工具。除了在传统的制造领域，CNC 机床在艺术与设计领域也逐渐显示出其不可思议的潜力。以下将探讨 CNC 机床如何跨越工业制造到艺术创作的桥梁，成为艺术与设计领域中的一个革命性工具。

① 在艺术中的应用

雕塑与装置艺术：传统的雕塑需要艺术家长时间手工打磨与雕刻，而 CNC 机床可以快速地制作出复杂的三维形态，赋予雕塑更多的可能性。

木工艺术：CNC 机床可以对木材进行精细加工，制作出精美的家具、装饰品或艺术品。

金属艺术：金属雕刻、切割、焊接等工艺在 CNC 的帮助下变得更加精确与多样。

② 在设计中的应用

建筑模型：在建筑设计中，CNC 机床可以快速制作出建筑模型，为设计师提供更直观的参考。

时尚与饰品：设计师可以使用 CNC 机床制作出独特的配饰、鞋履或其他时尚单品。

家居与室内设计：从灯具到家具，CNC 机床都可以为设计师提供定制化的解决方案。

③ 具体应用实例

大型雕塑：艺术家使用 CNC 机床制作出高几十米的大型雕塑，这些雕塑不仅形态各异，而且细节精美。

蚀刻艺术：在金属或木材上进行精细的蚀刻，制作出具有深度与纹理的艺术品。

独特的家居设计：设计师利用 CNC 机床的精准度，为客户制作出独一无二的家居单品。

④ 挑战

技术门槛：虽然 CNC 机床操作相对简单，但编程与设计仍需要专业知识。

材料限制：不同的材料对机床的要求不同，需要不断地进行调试与优化。

⑤ 机遇

个性化的设计：CNC 技术为艺术家和设计师提供了无与伦比的创作自由度，CNC 机床可以根据个体的需要进行定制化生产，满足市场上日益增长的个性化需求。

精确与高效：与传统的手工艺相比，CNC 机床不仅加工精确，而且效率高。

随着技术的进步和普及，CNC 机床在艺术与设计领域的应用会越来越广泛。更多的艺术家和设计师会利用这一工具，将他们的创意转化为现实。CNC 机床不仅仅是制造业的专利，它已经逐渐成为艺术与设计领域中的一个重要工具。通过这个工具，艺术家和设计师可以更好地实现自己的创意，开辟新的创作领域。

（11）无人机

随着科技的快速发展，无人机（Drones）已经成为现代社会中一个无法忽视的存在。从军事到商业，再到休闲娱乐，它们几乎渗透到了我们生活的每一个角落。除了这些更为人们熟知的应用，无人机在艺术与设计领域也引发了一场小型革命。下面将介绍无人机如何成为艺术与设计的新舞台。

① 无人机与摄影 / 摄像艺术

空中摄影：通过无人机，摄影师能够轻松捕捉到从高空看到的壮观景色。无论是城市的繁华，还是自然的宏伟，都能够以一个全新的角度被展现出来。

动态追踪：无人机可以跟随移动的目标，如跑步者、车辆或动物，创造出具有极高动态感的视频。

创意摄影：艺术家使用无人机从特定的角度和高度捕捉图像，创造出具有强烈视觉冲击力的艺术作品。

② 无人机与表演艺术

舞台特效：在现场演出中，无人机可以携带灯光、道具或摄像头，为观众带来震撼的视觉体验。

空中表演：多台无人机编队飞行，配合音乐与灯光，在空中完成一场表演。

③ 无人机与设计领域

建筑与城市规划：设计师使用无人机捕捉城市的全貌，更好地进行城市规划与建筑设计。

景观设计：无人机为景观设计师提供了从高空观察地形、植被和水体的机会，有助于他们创建更和谐的景观设计。

④ 具体应用实例

"Dancing Drones"艺术项目：艺术家利用大量无人机，在夜空中上演了一场与音乐完美同步的表演。

无人机墙画：艺术家使用搭载喷漆的无人机，在高墙上创作出巨大的墙画艺术。

空中音乐会：无人机装载乐器，在空中为观众带来了一场别开生面的音乐会。

⑤ 挑战

操作技巧：尽管操作无人机相对简单，但要精准控制其飞行轨迹与高度，还需要大量的训练。

法规限制：在很多国家和地区，无人机的飞行都受到了严格的法规限制，这给艺术创作带来了一定的挑战。

⑥ 机遇

多维度的创作：无人机为艺术家和设计师提供了一个全新的创作平台，无人机让艺术家不再受到地面的限制，可以从多个维度进行创作。

实时互动：通过无人机，艺术家可以实时地与观众进行互动，为他们带来前所未有的观看体验。

随着技术的进步和普及，无人机在艺术与设计领域的应用会越来越广泛，可能会有更多的工具和平台为艺术家和设计师提供支持，使其成为未来艺术与设计领域的一个重要部分。无人机不仅仅是一种高科技的工具，它已经成为艺术与设计领域中的一个新星。无论是摄影、表演还是设计，无人机都为艺术家与设计师打开了一个全新的创作领域，带给我们前所未有的艺术体验。

智能硬件为设计师提供了前所未有的可能性。这些设备不仅为设计过程提供了新的维度，也使得实现复杂的功能和互动成为可能。设计师应该不断探索这些工具的潜力，并将其应用于自己的项目中。

4.2.2　智能软件

在当今的设计环境中，软件不仅仅是一个辅助工具，它已经成为设计实践中不可或缺的一部分。以下将详细地介绍多种智能软件工具，这些工具可以使设计师们更高效、更准确地完成工作，获得前所未有的设计可能性。

（1）ChatGPT、Midjourney、Stable Diffusion 等 AIGC 软件

这些是基于先进的自然语言处理技术的聊天机器人。它们可以与用户进行深入的交互，理解用户的需求，并为其提供合适的解决方案。例如一个线上零售店的购物助手，当顾客输入

特定的需求或疑问时，ChatGPT 可以即时回应，提供商品建议或解决问题。特点如下。

强大的语言理解能力：不仅可以理解用户输入的文字，还能够感知背后的情感和意图。

个性化交互：能够根据用户的需求和反馈进行个性化的响应。

① ChatGPT：新一代人工智能的沟通桥梁

ChatGPT 是 OpenAI 开发的基于 GPT（生成预训练变压器）架构的聊天机器人。它利用深度学习和神经网络技术，能够理解和生成自然语言，从而与用户进行流畅的对话。GPT 架构在模型的大小、能力和复杂性方面经历了多次迭代，每个版本都带来了显著的改进。其目标是推进自然语言处理技术的边界。从 GPT-1 到 GPT-2，再到 GPT-3/3.5/4，每个版本都在词汇、语境理解和文本生成的准确性上取得了重大进展。ChatGPT 被广泛用于在线客服、互动娱乐、教育辅导、内容生成等领域。例如，一些公司使用它作为客服机器人，快速解答用户的常见问题，而教育机构则使用它为学生提供全天候的在线辅导服务。随着技术的不断发展，ChatGPT 在多种在线平台上得到了应用。无论是商业网站、社交媒体还是专门的聊天应用，都可以找到它的身影。由于其高度的自然语言处理能力，它为很多公司和开发者提供了一种与用户互动的新方法。

ChatGPT 已经开始改变我们与机器的交互方式。传统的图形用户界面正在被自然语言界面取代，这使得与机器的交互变得更加直观和自然。这种转变不仅改善了用户体验，还为非技术用户提供了更为简单的交互方式。ChatGPT 的商业潜力巨大，从提高客服效率、降低人工成本，到创新的产品和服务，它为企业开辟了新的收入来源。预计未来，随着技术的进一步成熟和普及，它将在更多的行业中找到应用。设计行业正经历数字化和自动化的转型，ChatGPT 在其中发挥了重要作用。设计师可以使用 ChatGPT 获得即时反馈，对设计概念进行验证。ChatGPT 可以根据设计师的描述自动生成设计元素，如配色方案、布局建议等。为产品或服务创建自然语言界面，提供更加直观的用户体验。新设计师也可以通过与 ChatGPT 互动，学习设计知识和技巧。ChatGPT 有可能彻底改变我们与技术的交互方式。

随着其在日常生活中的应用增多，人们可能更多地依赖语音或文本命令来控制设备和服务，从而使得技术无处不在，更加人性化。ChatGPT 可以与其他 AI 工具如图像识别、数据分析和自动化工具相结合，为用户提供更加全面和深入的服务。例如，结合图像识别，ChatGPT 可以帮助用户识别并描述图片内容；结合数据分析，它可以为用户提供深入的数据洞察。ChatGPT 是当前人工智能领域的一颗璀璨明星。随着技术的不断进步，它在各个领域的应用也将越来越广泛，为人类带来更多的便利和可能性。对于设计师来说，它不仅是一个强大的工具，更是一个合作伙伴，激发他们的创意和提高效率。

② Midjourney：AI 的视觉革命

Midjourney 是一款人工智能绘画生成工具，它使用了深度学习技术，可以根据用户输入的文本描述，生成逼真的图像。Midjourney 于 2022 年 7 月首次面向公众开放测试。到

2022 年 11 月，Midjourney 的注册用户数量已超过 100 万，成为 AI 生成图像的领先平台之一。截至 2022 年底，Midjourney 已积累超过 100 万注册用户，日生成图像量超过 200 万张。Midjourney 使用了 Anthropic 公司自主研发的 Claude 生成模型，这是一种针对图像生成进行优化的文本到图像模型。相比早期的 DALL-E 等模型，Midjourney 的生成质量更高，更能捕捉语义信息。主要用户群体为设计师、艺术家、创意工作者以及 AI 技术爱好者，他们使用 Midjourney 进行创意探索，辅助设计工作，或者出于好奇和娱乐。随着模型能力的不断提升，Midjourney 生成的图像质量日益精细，可以达到专业手绘或 3D 效果。但有时也会出现毛刺、形体失真等问题。

Midjourney 是一个具有前沿技术的 AI 工具，主要专注于图像和视频的生成、编辑和分析。该工具通过先进的深度学习技术，如生成对抗网络，为用户提供了强大的视觉内容制作能力。尽管 Midjourney 可能并不像某些其他知名 AI 平台那样具有悠久的历史，但它的起源可以追溯到 AI 领域对图像生成技术的持续探索。随着生成对抗网络和其他相关技术的发展，一系列工具和应用开始浮现，Midjourney 便是其中之一。它可以应用于多个领域，包括艺术创作、广告设计、电影制作、游戏开发等。在艺术创作领域，Midjourney 可以帮助艺术家快速生成创意灵感，提高创作效率。在广告设计领域，Midjourney 可以帮助设计师快速生成广告图像，提高设计效率。在电影制作和游戏开发领域，Midjourney 可以帮助制作人员快速生成场景和角色图像，提高制作效率。目前，Midjourney 已经成为一款非常流行的人工智能绘画生成工具，它被广泛应用于多个领域。Midjourney 也为设计行业带来了新的商业模式，例如基于 Midjourney 生成的图像进行商业授权等。

但 Midjourney 也有其局限，难以完全取代人类创造力，其生成结果还需要人工过滤和编辑。Midjourney 对未来社会的影响还在持续显现。它不仅会激发更多公众对创作的兴趣，也可能降低创意内容的门槛，小企业和独立创作者也能获取高质量设计输出。但有观点认为这可能扰乱专业设计师的就业市场。内容监管和版权不当使用也将面临考验。展望未来，可预见基于 Midjourney 等 AI 创作工具与人类专业设计师的良性合作和融合。设计师可以更注重构思和创意方向，依靠 AI 来进行样式探索；而 AI 可以从人类设计师积累的样本中继续学习提升，形成相互促进的良性循环。这可能是设计行业进步的新方向。

③ Stable Diffusion：AI 领域的创新之星

Stable Diffusion 是基于稳定扩散模型（Stable Diffusion Model）的一种生成式人工智能（Generative Artificial Intelligence）模型，可根据文本和图像提示生成独特的逼真图像。该模型最初于 2022 年推出，由慕尼黑大学 CompVis 小组开发。该模型首先从噪声图像开始，然后通过一系列步骤逐步将其转换为逼真图像。在每一步中，模型都会根据给定的文本或图像提示对图像进行微小的修改。稳定扩散模型的优势在于它能够生成高质量的逼真图像，并且可以根据不同的文本或图像提示生成不同的图像。此外，该模型还具有较高的计算效率，可以运行在普通计算机上。

（2）Arduino IDE/ Python 集成开发环境

Arduino IDE 和 Python 是为开发者提供的编程工具，帮助他们轻松地编写、测试和部署代码。如使用 Arduino IDE 为一个智能花盆设计自动浇水系统。当土壤湿度低于一定值时，系统自动启动水泵。

这些集成开发环境存在以下特点。

用户友好：提供了代码高亮、自动补全和错误检查等功能。

丰富的库支持：可以轻松地集成各种外部库和框架，扩展功能。

（3）Grasshopper 参数化设计工具

在艺术与设计的领域，如何将创意、思想和情感转化为具体的物质形态，始终是一个核心问题。随着技术的快速发展，我们已经远远超越了传统的设计工具，步入了一个全新的、参数化的设计时代。而在这个领域，Grasshopper 参数化设计工具独占鳌头，它为设计师提供了前所未有的创意空间。

Grasshopper 是一种为 Rhinoceros 3D 软件设计的参数化插件，允许设计师创建复杂的形状并探索设计可能性（图 4-44）。参数化设计是基于参数和规则的设计，这意味着我们可以通过调整参数来修改设计，从而实现数以万计的不同设计迭代。这种方法允许设计师在整个设计过程中保持极高的灵活性。

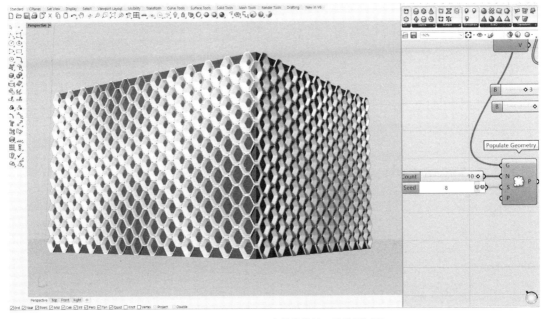

图4-44 Grasshopper参数化设计工具使用过程

① 特点

直观的界面：设计师可以通过简单的拖放来创建和修改设计。

高度可定制：可以创建几乎任何形状，并随时修改参数。

② 核心理念

Grasshopper 是一个图形化算法编辑器，与 Rhinoceros 3D 软件无缝集成。与传统的 CAD 软件不同，Grasshopper 不要求用户绘制或建模，而是允许他们创建规则和算法，定义对象间的关系，从而生成复杂的三维结构。

Grasshopper 的用户界面由各种组件组成，每个组件执行特定的功能，例如数学运算、几何转换或逻辑判断。通过连接这些组件，用户可以创建复杂的算法网络。这种直观的图形化界面意味着即使是没有编程背景的设计师，也可以轻松上手。

③ 在艺术与设计中的应用

建筑设计：在建筑设计中，Grasshopper 经常用于生成复杂的表皮结构和自适应外观。例如，设计师可以根据太阳的位置和季节自动调整建筑物的窗户大小或外观的开放度，以优化能源效率和室内光照。

艺术装置设计：许多现代艺术家使用 Grasshopper 来创建动态的、响应性的艺术装置。这些装置可能会根据观众的位置、环境因素或其他输入参数改变形状、颜色或行为。

珠宝设计：在珠宝设计中，设计师可以使用 Grasshopper 来探索无数的设计迭代，从而找到最吸引人的形状和模式。此外，通过与 3D 打印技术的结合，参数化设计还为定制化设计提供了可能。

Grasshopper 与教育：许多艺术和设计学院已经将 Grasshopper 纳入课程中，它为学生提供了一个独特的工具，让他们能够深入探索设计的本质和潜力。通过学习如何使用 Grasshopper，学生不仅学到了设计技巧，还学到了逻辑思维和问题解决的能力。

随着技术的进步，参数化设计工具的潜力仍然巨大。虚拟现实、增强现实和人工智能的结合，可能会带来更多的创新和惊喜。Grasshopper 只是开始，它为我们展示了一种全新的、基于算法的设计方法，打破了传统设计的限制，为艺术与设计领域带来了革命性的变革。

Grasshopper 参数化设计工具已经深刻地改变了我们对设计的理解和实践。它为设计师提供了无穷的可能性，挑战了传统的设计边界。在艺术与设计的世界中，Grasshopper 不仅仅是一个工具，更是一个真正的革新者。

（4）Kangaroo 力学模拟

自从古代艺术家用弓形来模拟天穹，设计师们就一直受到自然力量的启发。在当今的数字设计领域，物理引擎如 Kangaroo 为艺术与设计提供了一个模拟自然现象的强大工具。

Kangaroo 是一个为 Grasshopper 平台设计的物理引擎插件，专门针对几何形态的生成和模拟。它通过模拟重力、弹性、摩擦等真实世界的物理力量，允许设计师在数字空间中实验并创造出自然、有机的结构和形态（图 4-45）。

图4-45　利用Kangaroo进行力学模拟充气摇摆手臂

传统的设计方法往往基于直观和经验，而现代的设计工具，尤其是 Kangaroo，使得设计师能够直接模拟和测试他们的设计想法。这不仅可以加速创作过程，而且可以在真实环境中验证设计的稳定性和实用性。Kangaroo 在艺术与设计中的应用实例如下。

① 建筑设计

张力膜结构：Kangaroo 允许设计师模拟张力膜材料如何在受力时形成自然的弯曲形态，这在现代建筑中非常受欢迎。

桥梁设计：设计师可以使用 Kangaroo 来测试桥梁设计的稳定性，模拟不同的荷载和环境条件。

② 艺术装置设计

互动雕塑：Kangaroo 可以用于设计响应观众互动的艺术装置，模拟装置如何随观众的动作而变化。

布料模拟：艺术家可以使用 Kangaroo 来模拟布料如何随风摆动，创造出生动、真实的动态装置。

③ 智能服饰设计

Kangaroo 可以模拟材料如何在受力时变形，帮助设计师创造出可以根据用户动作改变形态的服饰。

④ 教育与研究

Kangaroo 不仅是一个设计工具，还是一个教育和研究的平台。设计学院和研究机构使用 Kangaroo 来培养学生的物理直观，帮助他们更好地理解材料、结构和力的相互作用。随着计算能力的提高和物理模拟技术的进步，Kangaroo 的潜力还没有被完全挖掘。未来，我们可以期待更高的模拟精度、更丰富的物理现象以及更广泛的应用领域。

Kangaroo 物理引擎插件为艺术与设计带来了前所未有的机会。它将自然的力量引入数字设计领域，使设计师能够在虚拟环境中自由地实验和探索。从建筑到艺术装置，从时尚到研究，Kangaroo 在推动着设计的边界，开启了一个充满无限可能性的新时代。

（5）Processing 数字编程艺术设计

随着数字技术的崛起，艺术与设计之间的界限逐渐模糊。今天，代码已经不仅仅是计算机科学家的工具，它也为艺术家和设计师提供了一个全新的创作媒介。在这个交汇点上，Processing 数字编程工具独树一帜，成为连接技术与创意的桥梁。

Processing 是一个开源的编程语言和集成开发环境，专门为艺术家、设计师和研究者设计，用于创建图形、动画和交互应用。Processing 的目标是让编程对非专家更加友好，让更多人可以用代码来表达自己的创意（图 4-46）。

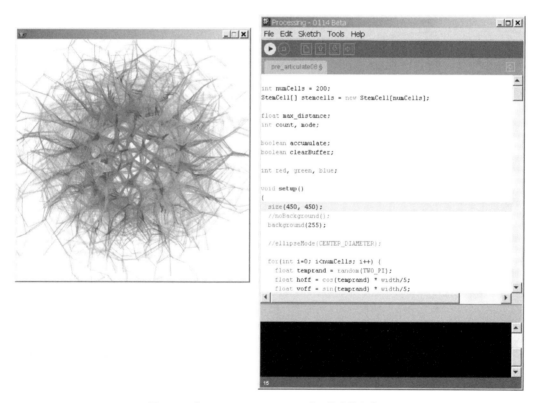

图4-46　在Processing Beta IDE开发环境中绘制草图

传统的艺术创作往往受限于物质媒介，而 Processing 打破了这一限制。设计师可以通过代码探索颜色、形状、运动和空间，从而创造出无法用传统方法实现的作品。

① 在艺术与设计中的应用

动态可视化：Processing 经常被用于数据可视化，帮助人们更直观地理解复杂的数据集。例如，设计师可以使用 Processing 创建一个动态的地图，显示全球的气候变化。

互动艺术：Processing 的交互功能使其成为创建互动艺术装置的理想工具。艺术家可以使用摄像头、麦克风或传感器作为输入，让观众与作品产生直接的互动。

动画与游戏：Processing 的图形和动画功能为设计师提供了一个创建动态视觉体验的平台。例如，设计师可以使用 Processing 来设计一个交互式的音乐、视频或游戏。

② 社区与合作

Processing 背后有一个活跃的开源社区，这意味着任何人都可以为其开发新功能或修复错误。这种合作精神不仅加速了 Processing 的发展，而且为艺术家和设计师提供了一个分享和学习的平台。

随着技术的进步，Processing 的潜力还远远没有被完全挖掘。增强现实、虚拟现实和人工智能的结合，可能会为 Processing 带来全新的应用领域，使其在艺术与设计中的影响力进一步扩大。

Processing 数字编程工具为艺术与设计领域打开了一个全新的、充满无限可能性的世界。它不仅仅是一个工具，更是一个平台，一个社区，一个连接创意与技术的桥梁。在这个数字化的时代，Processing 已经成为艺术与设计领域中不可或缺的一部分。

（6）TouchDesigner 可视化数字编程艺术设计

在当代艺术与设计的交汇点上，数字技术已成为一股不可忽视的力量。其中，TouchDesigner 作为一个领先的可视化数字编程工具，已经深刻地影响了我们对艺术和设计的理解和实践。

TouchDesigner 是一款为艺术家、设计师和创作者设计的实时可视化工具。它允许用户以图形化的方式编程，创造复杂的 3D 渲染、音频和视频效果，以及互动应用（图 4-47）。它的界面是直观的，旨在让非专业程序员也能轻松地创建和实验。

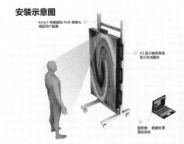

图4-47 利用TouchDesigner完成的交互艺术项目

数字艺术和设计往往融合了多种技术和媒介，而 TouchDesigner 的多功能性使其成为了艺术与设计过程的理想工具。以下是一些典型应用。

实时音乐表演：TouchDesigner 可以与音乐软件和硬件无缝集成，允许艺术家在现场创造出令人惊叹的视觉效果。在某次电子音乐会上，艺术家使用 TouchDesigner 与现场的音乐同步，创造出随音乐节奏变化的动态光影效果，让观众不仅能听到音乐，还能"看到"音乐。

交互式装置：观众可以与 TouchDesigner 创建的装置互动，无论是通过触摸屏、传感器还是运动追踪，都能获得独特的体验。在一次现代艺术展览中，艺术家使用 TouchDesigner 和传感器创建了一个互动装置。观众的动作会影响装置的图形和音效，使每个人都成为艺术创作的一部分。

沉浸式环境：从影院到艺术展览，TouchDesigner 都可以创建出沉浸式的 3D 环境，带领观众进入一个全新的世界。一个品牌在产品发布会上使用 TouchDesigner 创建了一个 360°的沉浸式展台，将观众带入一个充满未来感的数字世界。

随着虚拟现实、增强现实和混合现实技术的发展，TouchDesigner 的应用领域将进一步扩大。未来，我们可以期待更加丰富、更加沉浸的艺术和设计体验。

TouchDesigner 已经改变了我们对数字艺术和设计的认知。它不仅提供了一个强大的创作工具，还建立了一个连接技术与创意的桥梁。在这个数字化的时代，TouchDesigner 将继续推动艺术与设计的边界，开创无限的创意可能。

（7）Tinkercad & Fusion 360

在当代艺术与设计的广阔天地中，数字工具与传统方法相结合，为创作者带来了无限的可能性。尤其是 Tinkercad 和 Fusion 360 两大设计工具，作为数字时代的明星产品，为我们提供了一个新的视角去探索、实验和创新。

① Tinkercad：让每个人都成为设计师

Tinkercad 是一个在线的 3D 建模工具，因其用户友好的界面和无需下载的便捷性而受到初学者和教育者的欢迎。对于那些初步涉足设计领域的人来说，它提供了一个理想的起点。Tinkercad 的拖放式界面使得即便是孩子也容易上手。这种简易性打破了 3D 设计的技术壁垒，让更多的人可以参与进来。

例如，一名艺术家使用 Tinkercad 设计了一个抽象的雕塑，后使用 3D 打印技术将其制作成实体。这一雕塑之后在一个艺术展中展出，展现了数字设计转化为实体艺术品的魅力。

② Fusion 360：专业工具，无限可能

与 Tinkercad 相比，Fusion 360 提供了一套完整的专业级 3D 设计解决方案，从雕塑、产品设计到复杂的机械装置，它都能胜任。Fusion 360 不仅是一个 3D 建模工具，还集成了仿真、渲染和计算机辅助制造（CAM）功能，为设计师提供了一个从想法到成品的一体化设计流程（图 4-48）。

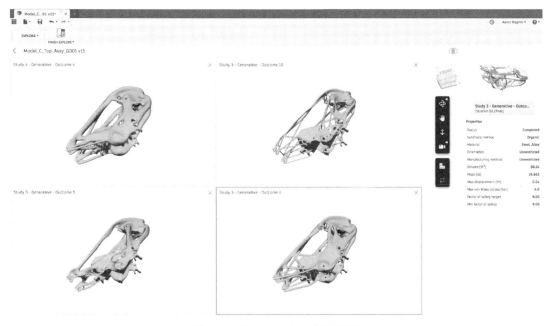

图4-48　Fusion 360衍生式设计过程

例如，一名设计师使用 Fusion 360 设计了一个动态的装置艺术作品。通过工具内的仿真功能，他能够在制造前预测其动态效果，确保其在真实世界中的表现与设计时的愿景相符。

③ 跨界合作：当 Tinkercad 遇到 Fusion 360

在实际的创作过程中，很多艺术家和设计师会同时使用这两款工具。Tinkercad 提供了快速原型设计的能力，而 Fusion 360 则可以进一步完善和细化设计。例如，一位家具设计师首先使用 Tinkercad 草拟了一个创意的椅子设计，随后，她导入这个模型到 Fusion 360 中，对其进行更为精细的调整和优化。最终，这把椅子在设计展上获得了大量的关注和好评。

在数字时代，Tinkercad 和 Fusion 360 为艺术与设计领域带来了革命性的变革。它们打破了传统的创作界限，为我们提供了一个全新的创作平台。无论是初学者还是资深设计师，都可以在这两款工具中找到自己的创作空间，将想象力转化为真实的作品。

以上只是简要介绍了这两大工具的潜力和影响，实际上，它们背后还有无数的故事等待我们去探索和发现。在未来，我们期待更多的创作者利用这些工具，为我们带来更多的惊喜和创新。

（8）Blender

随着技术的进步，数字艺术和设计的领域正经历着前所未有的变革。在众多工具中，Blender 以其开源、多功能且免费的特点崭露头角，为艺术家和设计师提供了无尽的创作空间。Blender 是一个开源的 3D 创作套件，涵盖了从建模、动画、模拟到渲染、合成和视频编辑等多个方面。正因为它的开放性，全球的设计师和开发者都能为它贡献插件和工具，使其功能不断丰富（图 4-49）。

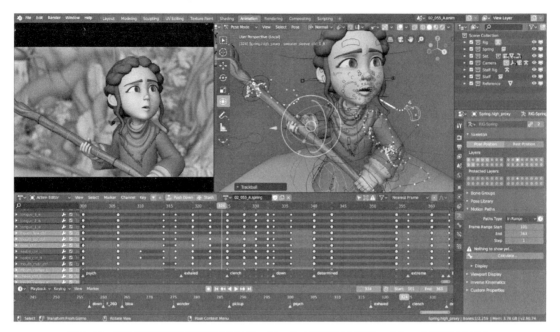

图4-49 得益于高质量的装配和动画工具，Blender可用于制作短片、广告、电视剧和故事片

Blender 不仅是一个 3D 建模工具，还可以用于动画制作、物理模拟、渲染以及视频编辑等。电影《钢铁之泪》（*Tears of Steel*）就是使用 Blender 完成的，从中我们可以看到这款软件在高级视觉特效和动画制作上的强大功能。

① Blender 在艺术中的应用：塑造无尽可能性

对于数字艺术家来说，Blender 是一个无尽的创意乐园，无论是静态的 3D 打印雕塑还是动态的虚拟现实体验，都能在 Blender 中实现。

雕塑与 3D 打印：Blender 强大的建模工具使得艺术家可以轻松创建复杂的 3D 模型，再通过 3D 打印技术将其变为现实。著名的"无尽之环"雕塑，它的复杂结构完全在 Blender 中设计，之后通过 3D 打印技术制成。

动画与电影制作：Blender 的动画工具和物理模拟功能使其成为制作动画和电影的理想选择。Blender 基金会推出的开源动画电影《大雄兔》（*Big Buck Bunny*）展示了 Blender 在角色建模、动画制作和场景渲染上的强大能力。

② Blender 在设计中的应用：超越现实的设计

Blender 的高级建模和渲染工具使其在产品设计、建筑可视化和虚拟现实设计中都有广泛应用。

产品设计：设计师可以在 Blender 中创建产品的 3D 原型，进行模拟和渲染，再进行实际生产。某家具公司的创新沙发设计首先在 Blender 中进行了草图建模和渲染，再转入生产环节。

建筑可视化：建筑师和设计师使用 Blender 为客户创建逼真的 3D 建筑模型和内部视角。一家建筑公司使用 Blender 为其都市公园项目制作了一段 3D 演示视频，从中展现了未来公园的全貌。

Blender 不仅仅是一个 3D 设计工具，更是当代艺术与设计领域的一个革命性里程碑。它的开源和免费性质为无数的艺术家和设计师提供了一个展现才华的平台。无论是一个初学者还是一个资深的专家，Blender 都为其提供了无限的创作空间。随着技术的不断进步，我们有理由相信，Blender 和类似的开源工具将继续引领艺术与设计的未来，为我们创造更多前所未有的美好作品。

（9）Unity & Unreal Engine

在现代的数字艺术和设计领域，Unity 和 Unreal Engine 作为两大主流的游戏开发和实时渲染工具，已经成为创作者们无法回避的话题。这两款引擎不仅在游戏制作领域中广泛使用，还在影视、建筑、设计以及艺术等领域中发挥着越来越重要的作用（图 4-50）。

Unity 于 2005 年发布，是一个强大的跨平台 3D 开发工具，提供了一整套完善的图形渲染、物理模拟、声音处理等功能，使得开发者能够为多种平台制作游戏和应用。

Unreal Engine 始于 1998 年，由 Epic Games 开发，以其出色的图形渲染能力而著称。Unreal Engine 4 与后续版本在开放性和功能性上都有了巨大的进步，使其不仅适用于游戏制作，还可以用于各种实时渲染的应用。

图4-50　Unity 3D 引擎和虚幻引擎（Unreal Engine）的区别

① 在艺术与设计中的应用

虚拟现实艺术：利用这两个工具，艺术家可以创建沉浸式的虚拟空间，让观众进入并与之互动。例如，Unreal Engine 因其高质量的光线追踪功能被许多艺术家选择，以创造接近真实的虚拟空间。

交互式设计：在博物馆、展览和活动中，可以使用这些引擎创建交互式展示内容，如模拟历史场景、3D 模型展示等，增强观众体验。

动画与影视制作：越来越多的动画片和影视项目开始使用 Unreal Engine 进行实时渲染。例如，科幻剧《星球大战：曼达洛人》就使用了 Unreal Engine 来制作背景。

② 设计语言的演变

随着这两大引擎的普及，我们也可以看到艺术和设计的语言正在发生变化。

更加真实的模拟：尤其是在 Unreal Engine 中，光线追踪、粒子系统等高级功能使得创作者可以制作出令人难以置信的真实效果。

交互性的增强：与传统的静态艺术品不同，使用这些工具制作的作品往往具有高度的交互性，让观众成为参与者。

多学科融合：现代的艺术和设计项目往往需要多学科的合作，例如与程序员、艺术家、音效师等合作。

③ 挑战

技术难度：对于传统的艺术家和设计师来说，学习这些工具需要时间和精力。

硬件要求：高质量的渲染需要强大的硬件支持，这可能会增加制作成本。

④ 机遇

跨平台与跨界：作品可以更容易地在各种设备和平台上展示。

新的创作手法：开放了一个全新的创作空间，艺术家和设计师可以尝试之前无法实现的想法。

随着技术的发展，我们有理由相信 Unity 和 Unreal Engine 将继续扩大在艺术与设计中的应用范围。未来，我们可能会看到更多的跨界合作，更加沉浸式的艺术体验，以及前所未有的创作方法。

Unity 和 Unreal Engine 已经从单纯的游戏开发工具转变为艺术与设计的重要工具。它们为创作者提供了前所未有的机会，同时也带来了挑战。但无论如何，这是一个充满活力和创意的时代，值得我们期待。

（10）Pure Data 音频可视化工具

Pure Data（简称为 Pd）由米勒·帕克斯（Miller Puckette）在 20 世纪 90 年代创建，是一个开源、视觉编程语言，专为音乐家、艺术家和设计师打造，使他们能够进行音频、视频和图形编程。该工具对于声音和音乐设计师来说具有特殊的意义，但其影响并不止于此。作为一个实时音视频处理工具，Pd 的图形界面允许用户通过连接不同的模块来创建音频和视频处理链。

在涉及声音与视觉的融合时，音频可视化成为一个核心概念。简单来说，它是将声音和音乐数据转化为视觉图像的过程。这不仅可以帮助人们理解声音的结构和特点，还为艺术家提供了一个全新的创作领域。

① 在音频可视化中的应用

Pd 的模块化特点使其成为音频可视化的理想选择。

实时反馈：Pd 允许用户实时查看和听到他们的修改成果，这为音频可视化创作提供了直观的反馈。

扩展性：通过外部模块，Pd 可以轻松与其他软件和硬件集成，如 Arduino、Kinect 等。

自定义工具：Pd 的开放性使得用户可以根据自己的需要创建专属的音频可视化工具。

举例来说，艺术家可以使用 Pd 捕捉现场音乐会的声音数据，并将其转化为动态的光效，与音乐同步变化；设计师可以将人声转化为视觉图形，为会议或讲座增加互动元素。

② 在艺术与设计中的应用

Pure Data 不仅是一个技术工具，更是一个跨越技术和艺术边界的平台。通过 Pd，技术和艺术可以更紧密地结合在一起。

交互式艺术装置：Pd 可以用于创建交互式艺术装置，如通过观众的声音或动作驱动的投影。

实时音乐表演：Pd 允许音乐家在现场对声音进行处理和可视化，为表演增添新的维度。

创意设计：设计师可以使用 Pd 来开发创意的音频可视化应用，如音乐播放器的可视化效果。

③ 挑战与机遇

虽然 Pure Data 为艺术家和设计师提供了无尽的可能性，但其学习曲线相对陡峭，尤其是对于没有编程经验的人来说。随着社区的发展，有越来越多的教程和资源可供参考，为初学者提供了入门的途径。此外，随着技术的发展，音频可视化的需求也在不断增长，为使用 Pd 的艺术家和设计师提供了更多的机会。

音频可视化作为一个交叉领域，有着广泛的应用前景。从音乐会、剧院到商业活动、广告，音频可视化可以为其增添新的价值。而作为一个开源和高度可定制的工具，Pure Data 在这个领域中的角色将越来越重要。

Pure Data 不仅仅是一个音频处理工具，更是连接艺术与设计的桥梁。在音频可视化的世界里，Pd 为创作者提供了无尽的可能性和灵感。随着技术的进步和社区的发展，我们有理由相信，Pd 将继续在艺术与设计领域中发挥其独特的作用。

（11）OpenFrameworks

在数字艺术和设计的交界处，OpenFrameworks（OF）脱颖而出，作为一个开源 C++ 工具包，它已经成为许多艺术家、设计师、研究者和爱好者的首选平台。它提供了一个框架，使得复杂的编程任务变得更加简单和直观，而这一切的核心都是为了创意表达。

OpenFrameworks 起初由扎克·利伯曼（Zach Lieberman）、西奥·沃森（Theo Watson）和阿图罗·卡斯特罗（Arturo Castro）于 2005 年创立，主要为了支持他们的艺术项目。它的主要目的是提供一个简单而强大的工具，帮助艺术家和设计师跨越技术的门槛，实现他们的创意构想。

① OpenFrameworks 的特点

开源与跨平台：OF 是完全开源的，可以在多个操作系统如 Windows、macOS、Linux 以及移动平台上运行。

模块化的结构：它拥有大量的核心模块和插件，包括图形、声音、视频和交互传感器等，让创作者可以根据需求选择和组合。

强大的社区支持：OF 拥有一个活跃的全球社区，其成员不断地分享教程、项目和新的扩展插件。

② 在艺术与设计中的应用

互动艺术装置：例如，扎克·利伯曼的"Eyewriter"项目，一个为瘫痪患者设计的眼球跟踪绘画工具就是利用 OF 实现的。

实时音视频表演：OF 能够处理大量的实时数据流，使得艺术家可以在现场表演中与观众互动，创造独特的视觉和听觉体验。

虚拟现实与增强现实：OF 的模块化特性使许多开发者利用 OF 创建 VR 和 AR 应用，为用户提供沉浸式体验。

数字时装与可穿戴技术：设计师们也利用 OF 设计和制作交互式的时装，这些作品可以响应周围环境和观众的动作。

③ 挑战与机遇

尽管 OF 提供了一个非常有力的框架，但它仍然需要创作者具备一定的编程知识。这可能会使一些没有编程背景的艺术家和设计师望而却步。与此同时，这也为那些愿意投入时间和精力学习的人提供了巨大的机会。

随着技术的进步和普及，我们可以预见 OpenFrameworks 和其他类似的工具在艺术与设计领域中的应用会越来越广泛。人工智能、深度学习和其他前沿技术的结合，将会使 OF 赋予创作者更多的可能性。OpenFrameworks 不仅仅是一个编程工具或框架，它更是连接艺术、设计和技术的桥梁。对于那些渴望将他们的创意想法变为现实的艺术家和设计师来说，OF 提供了一个无价的平台。

（12）Max/MSP

在艺术、音乐和设计的交界处，Max/MSP 显得尤为突出。作为一个图形化编程环境，它允许艺术家、音乐家和设计师创造交互式音频、视频和多媒体作品。

Max/MSP 的前身是 Max，由米勒·帕克斯（Miller Puckette）在 20 世纪 80 年代中期为 IRCAM（the Institute for Research and Coordination in Acoustics/Music，法国的声学 / 音乐研究和协调机构）开发。原始的目的是给作曲家提供一个新的方式来连接不同的音乐设备并控制它们。随着时间的推移，它逐渐演化为一个更完整的音频处理工具，并添加了 MSP，一个专门处理音频的部分。

① Max/MSP 的核心特点

图形化编程：与传统的文本编程语言不同，Max/MSP 允许用户通过图形界面创建和连接"对象"来建立程序。

模块化：Max/MSP 是高度模块化的，意味着用户可以利用预制的对象或自己创建的对象进行复杂的音频和视频处理。

实时交互：Max/MSP 支持各种输入设备，如 MIDI 控制器、摄像头、传感器等，使其成为交互式装置和表演的理想工具。

② 在艺术与设计中的应用

声音艺术与实验音乐：许多当代艺术家和音乐家使用 Max/MSP 来创作声音艺术和实验音乐作品。例如，电子音乐组合 Autechre 就在他们的许多作品中使用了这个工具。

互动装置：设计师和艺术家使用 Max/MSP 与其他工具（如 Arduino）相结合，创作互动艺术装置。例如，一个装置可能通过摄像头捕捉观众的动作，并根据这些动作实时生成音乐。

VJing 和实时视觉表演：VJing，即视觉混音，是一种结合音乐节奏进行实时视频编辑和展示的艺术形式。利用 Max/MSP 平台中的 Jitter 模块，可以高效地处理和生成实时视频内容，这使得 Max/MSP 成为 VJ 进行现场视觉表演的理想选择。

交互设计与教育：Max/MSP 被用作教学工具，帮助学生理解声音和视觉编程的基本概念，同时也是交互设计的强大工具。

随着技术的发展和数字艺术领域的扩展，Max/MSP 有望继续在此领域占据重要地位。其开放性和灵活性意味着它可以与新的技术和工具结合，如人工智能、VR、AR 等。Max/MSP 是艺术与设计的重要工具，它桥接了技术与创意的鸿沟，允许创作者超越传统的界限，探索新的表达方式。它证明，当技术与艺术相结合，会产生惊人的创新。

（13）MySQL/MongoDB 数据库

MySQL/MongoDB 是用于存储和管理数据的工具，支持大量的数据查询和处理。其有如下特点。

高效的数据处理：支持复杂的查询和大量的数据操作。

灵活的数据结构：可以存储各种类型的数据，并轻松修改结构。

应用实例：设计一个线上商店，使用 MySQL 存储商品信息、用户数据和订单记录。

（14）ECS/GCP/AWS 云服务

ECS、GCP、AWS 是提供各种计算和存储资源的云平台。其有如下特点。

弹性的资源分配：可以根据需求随时增加或减少资源。

全球化的服务：数据和服务可以在全球范围内访问。

应用实例：设计一个全球范围的在线合作工具，使用 AWS 提供的服务器和数据库资源，确保服务高效、稳定。

（15）艺术和设计领域智能工具

技术的快速发展为艺术和设计领域带来了大量的创新工具，以下是一些硬件和软件。

① 智能硬件

示波器：尽管传统上是测量工具，但许多艺术家用示波器创作"Oscilloclock"（示波器时钟）或其他视觉艺术。

激光雷达传感器：用于捕获高分辨率的 3D 空间数据，常用于实时艺术和增强现实项目。

热像仪：如 FLIR，捕获热成像，为视觉艺术创作带来独特的视角。

触觉反馈设备：如 Ultrahaptics，为触觉交互设计提供物理反馈。

电子水墨屏：为艺术和设计提供低功耗、高对比度的显示效果。

生物反馈传感器：如心率、脑波和皮肤电导传感器，用于创建与生理数据交互的艺术。

软体机器人：为雕塑和移动装置提供柔软、有机的动态。

② 智能软件

GIMP 和 Inkscape：开源的图像和矢量图形编辑工具。

Cinema 4D：3D 建模、动画和渲染软件，特别受视觉艺术家的欢迎。

Isadora：一个实时媒体处理软件，广泛用于舞蹈和表演艺术。

Resolume 和 VDMX：VJ（Visual Jockey）软件，用于现场视觉表演。

After Effects 和 Nuke：用于视频后期处理和特效。

MODO：一款强大的 3D 建模和动画工具。

Quartz Composer：用于创建互动视觉的图形编程环境。

VVVV 和 TouchDesigner：可视化编程环境，用于实时视觉和互动设计。

ZBrush：一个数字雕塑工具，用于 3D 打印和动画。

Audacity：开源的音频编辑软件，广泛用于声音艺术和设计。

以上这些只是现有工具的一部分，而技术的持续进步意味着未来会有更多的工具和平台出现，进一步推动艺术和设计的边界。

智能软硬件为设计师提供了前所未有的工具和可能性。从基于语言的交互到复杂的 3D 建模，再到数据管理和云计算，这些工具都大大扩展了设计的范围和深度。为了充分利用这些工具的潜力，设计师需要不断地学习和实践，探索它们在不同设计场景中的应用。

思考

人工智能产品设计技术与工具的发展对我国的产业升级和经济转型有何影响？如何引导和规范这一领域的发展，以促进我国经济的可持续发展？

第 5 章

人工智能
产品设计
应用与
表达

从可用性设计、可信度设计到商业模式设计，每一环都揭示了人工智能产品设计的核心要素和创新思维。在这一章中，我们将从人工智能产品设计的应用规则开始，揭示人工智能产品设计的基本准则和应用方法。我们将深入了解人工智能产品的可用性设计，探讨如何打造用户友好的人工智能产品。然后，我们将讨论人工智能产品的可信度设计，探索如何建立用户对人工智能产品的信任。此外，我们还将探讨人工智能产品的商业模式设计，分析如何将人工智能技术转化为商业价值。最后，我们将通过一系列精彩的应用案例分析，展示人工智能产品设计应用的实际效果和潜力，更好地理解人工智能设计原则。

5.1 人工智能产品设计的应用规则

5.1.1 人工智能产品的可用性设计

人工智能产品的可用性设计不仅涉及传统的交互和界面设计，更重要的是如何让用户能够理解、信任并有效地与 AI 系统交互。产品的可用性设计是确保用户与产品之间流畅交互的关键。不同于传统的设计方法，AI 设计需要考虑到复杂的算法、数据流以及用户与机器之间的交互。

（1）理解用户需求与背景

任何产品设计，首先要深入了解目标用户的需求和背景。对于 AI 产品来说，这意味着要理解用户对 AI 的期望、担忧以及他们的技能水平。例如设计一款针对老年人使用的 AI 助手，老年人可能不像年轻用户那样熟悉现代技术，因此设计时需要简化界面、提供明确的指引以及设置更加直观的交互模式。

（2）透明性

为了建立用户的信任，AI 系统的工作原理应尽可能透明。例如，当 AI 为用户提供建议或解决方案时，它应解释为什么选择这个方案。例如一个推荐系统为用户推荐一首歌曲时，它可以解释这是基于用户之前听过的类似歌曲。这种透明性可以帮助用户理解和信任系统的建议。

（3）可控性与反馈

AI 系统允许用户干预 AI 的决策和与之互动，提供清晰的反馈，这有助于建立用户的信心并提高产品的可用性。例如智能家居系统可以学习用户的习惯来控制家里的灯光和温度。但当用户想要手动更改设置时，系统应该允许并即时响应，同时在下次提供服务时考虑到这些手动调整。

（4）简化的界面与互动

虽然 AI 系统可能非常复杂，但其用户界面和互动应简单、直观。如语音助手 Siri 或 Alexa，用户通过简单的语音指令与它们互动，而不需要了解背后复杂的 NLP 技术。简洁的指令，如"播放我最喜欢的歌曲"或"设置明天的闹钟"，使交互变得非常直观。

（5）适应性

随着时间的推移，AI 系统应该能够学习和适应用户的需求和习惯。例如智能摄像头用于家庭安全，初始阶段，摄像头可能会误报一些常见的家庭活动为异常活动。但随着时间的推移，摄像头应学习并适应家里的日常活动，减少误报。

（6）用户培训与引导

在引入新功能或复杂的 AI 功能时，产品应该提供清晰的指导和培训来帮助用户。例如当智能健身检测设备引入了一项新的健康分析功能时，应提供一个简短的教程或指南，帮助用户了解如何使用这个新功能以及它是如何工作的。

人工智能产品的可用性设计要求设计师不仅要考虑技术和功能，还要更多地关注用户的体验和需求。

5.1.2　人工智能产品的可信度设计

随着 AI 技术在日常生活中的广泛应用，用户对这些产品的信任度变得至关重要。一个用户不信任的产品，无论其功能如何强大，都难以获得广泛的接受和应用。因此，设计师在开发 AI 产品时，应特别注意增强其可信度。

（1）透明性

用户需要了解 AI 如何做出决策。假设用户使用一款 AI 健康监测应用来获取营养建议，当应用建议用户增加维生素 C 的摄入量时，它应明确说明原因，例如"基于您过去一周的饮食记录，您可能需要更多的维生素 C"。健康监测应用在分析用户的生命体征数据后，不仅应给出健康建议，还应提供其建议依据，如"你的心跳速度增快，建议减少咖啡摄入"。

（2）数据隐私与安全

确保用户数据的安全性和隐私性是建立信任的关键。例如一款使用面部识别技术的 AI 安全应用，用户必须确信他们的面部数据不会被未经授权的第三方访问或滥用。又如智能家居设备应在用户设置中提供明确的数据使用条款和隐私设置选项，允许用户自定义哪些数据可以共享，哪些数据需要保密。

（3）可解释性

提供 AI 决策的简要解释可以帮助用户更好地理解和信任系统。例如一款金融 AI 应用，如果 AI 建议用户投资某只股票，它应该提供一个简短的解释，如"根据最近的市场趋势和该公司的财务状况，这只股票有上涨的潜力"。

（4）可纠正性

当 AI 犯错误时，用户应该有能力纠正。AI 系统必须为可能的错误提供纠正机制，并为用户提供反馈。例如在智能家居系统中，如果 AI 误判了用户的温度偏好，用户应该能够轻松地调整，并确保系统在未来考虑这一调整。

（5）人工干预的可能性

在某些关键决策场景中，AI 的建议应该可以被人工审核或干预。当用户感觉他们能够控制 AI 的决策时，他们可能更信任该系统。如在 AI 医疗诊断系统中，尽管系统可能有很高的准确率，但复杂和关键的医疗决策仍应该由医生审核，并结合 AI 的建议。

（6）用户反馈与适应性

收集用户反馈并根据其进行调整可以增强 AI 系统的可信度。例如一个电子商务推荐系统，当用户表示不喜欢某个推荐时，系统应该记录这个反馈，并在未来的推荐中考虑这个反馈。

（7）持续验证与更新

为了维持其准确性和可信度，AI 系统应该定期进行验证和更新。例如自动驾驶汽车应定期接受软件更新，确保其在各种新的路况和环境下都能准确安全地工作。

（8）社会与文化敏感性

AI 系统应该考虑到各种用户的社会背景和文化差异。例如一个全球化的 AI 新闻推荐应用应该能够识别并尊重不同地区或文化的新闻偏好和敏感话题。

（9）真实性与人性化设计

让 AI 系统更像一个人，而不是一台无情的机器，可以提高用户的信任。例如聊天机器人在与用户交流时，模拟人类的情感，如在用户生日时表示祝贺，或在用户伤心时表示安慰。

为了确保 AI 产品的成功和被广泛接受，设计师需要仔细考虑如何提高其可信度。这不仅仅是一个技术问题，更是一个涉及伦理、社会和人类心理的复杂挑战。

5.1.3　人工智能产品的商业模式设计

随着人工智能技术的快速发展，企业和创业者都在积极探索如何将 AI 技术应用于产品和服务，并据此创建创新的商业模式。

（1）数据驱动

AI技术的核心在于数据。拥有大量、高质量的数据是AI模型训练的关键。因此，基于数据收集、处理和分析的商业模式非常受欢迎。例如Fitbit和其他健康检测设备收集用户的健康和运动数据，然后利用这些数据提供个性化的健康建议和健身建议。

（2）订阅模式

提供AI服务的公司可能会选择订阅模式，允许用户按月或按年支付费用，以便持续使用其AI驱动的服务。例如ChatGPT4.0版本需要订阅费用，而3.5版本则免费，这种商业策略可以让更多的人体验AI的功能，创造用户信任度与依赖度后，推出更高收费版本。再如Grammarly的高级版本为用户提供了基于AI的高级语法、风格和拼写检查，用户需要支付定期的订阅费用来享受这些高级功能。

（3）平台即服务（PaaS）

为企业或开发者提供AI工具和框架的公司，可能采用平台即服务的商业模式，让用户基于其平台开发自己的应用。谷歌、阿里巴巴、腾讯等公司都提供收费平台和工具，允许开发者创建、训练和部署AI模型。

（4）结果导向的付费模式

一些公司选择根据AI技术带来的实际业务结果来收费，这种模式对于那些希望确保投资回报率（ROI）的企业特别有吸引力。一些市场营销自动化工具使用AI技术来优化广告投放，而公司只在实现了实际的销售或转化时为这些工具支付费用。

（5）众包数据收集

通过众包的方式收集数据，然后利用这些数据训练AI模型，这种方式为公司提供了大量、多样化的数据。例如验证码（Captcha）服务不仅验证了用户是真实的人类，还帮助机器学习算法学习图像识别。

（6）联盟和伙伴关系

一些公司与其他企业或平台建立合作伙伴关系，共同提供更全面的AI解决方案。例如许多汽车制造商与技术公司合作，为其汽车提供AI驱动的语音助手或自动驾驶技术。如华为公司作为科技公司，不直接造车，而是推出智能车机系统，与车企合作。

（7）用户培训和教育

一些公司为企业或个人提供AI技术的培训和教育服务，帮助他们更好地理解和应用AI。例如，Coursera和Udacity等在线教育平台提供了多种与AI和机器学习相关的课程，帮助学员掌握这些前沿技术。

（8）端到端的智能生态系统

随着 AI 技术的成熟和 5G、IoT 技术的普及，未来可能会出现一个端到端的智能生态系统。例如，从家中的智能冰箱到工作地点的智能办公系统，再到健身房的智能健身设备，都能与用户实时互动，提供个性化的服务。

（9）AI 驱动的实体体验中心

随着虚拟现实和增强现实技术的发展，未来可能会有以 AI 为核心的实体体验中心，让用户亲身体验高度仿真的虚拟世界，无论是虚拟旅行、虚拟冒险还是虚拟聚会。

（10）AI 助手的共享经济

就像 Uber 和 Airbnb 一样，未来可能会出现共享 AI 助手的平台。用户可以根据需要租用高级 AI 助手，无需自己购买和维护。

（11）智能生活场景定制

AI 可以帮助用户创建完全定制的生活场景。例如，根据用户的习惯和偏好，为其设计智能家居布局、智能出行方案、智能健身计划等。

（12）全球智慧供应链

通过 AI 技术，企业可以构建一个真正的智慧供应链，实现生产、仓储、运输、销售等环节的全自动化和高度智能化。

（13）AI 创意市场

在这样的市场中，AI 可以帮助创作者生成原始的创意素材或设计方案，然后由人类创作者进行修改和完善，最终创造出独一无二的作品。

（14）AI 生活顾问

未来的 AI 技术可能不仅仅是工具，更多地扮演顾问的角色。无论是职业规划、投资决策还是日常生活中的选择，AI 都可以为用户提供基于大数据分析的专业建议。

（15）智能物联网

未来，几乎所有的物品都可能与互联网连接，并由 AI 驱动。这将创造一个全新的商业模式，用户不再购买单一的产品，而是购买一个由多个智能产品组成的系统或服务。

（16）无界限购物体验

AI 可以打破传统的购物体验界限。用户无需进入实体店铺，即可通过虚拟现实技术在家中试穿衣服、试驾汽车或体验旅游目的地。

（17）AI 健康医疗助理

随着医疗技术的进步，AI 可以作为私人医疗助理，全天候为用户提供健康建议、药物提醒、运动建议等。

人工智能技术为产品和服务的商业模式设计提供了多种可能性。设计这些商业模式时，企业需要考虑如何最大化地利用 AI 的能力，同时确保为用户提供真正的价值。未来的 AI 商业模式可能会更加以人为中心，强调个性化和实时互动。与此同时，AI 技术也将与其他前沿技术如虚拟现实、增强现实、5G、6G 和物联网等更加紧密地结合，为用户创造全新的生活和工作体验。

5.2 人工智能产品设计应用案例分析

人工智能产品设计的应用分为智能产品和智能设计工具，其中智能设计工具又分为智能硬件工具和智能软件工具，本书在第 4 章第 2 节人工智能产品设计工具已经详细介绍了智能设计工具。以下将以实例的形式介绍智能产品。

在人工智能参与产品设计的时代，智能产品是指通过整合人工智能技术，使产品具备更智能化、更自动化、更具预测性和更具个性化特征的产品。这些智能产品的共同特点是它们能够以某种方式"理解"用户需求和环境，以提供更好的用户体验。它们利用大数据分析和机器学习来不断改进，与用户互动并自动适应变化的情境，从而为用户提供更好的服务和功能。这些智能产品代表了人工智能在各个领域的广泛应用，它们为用户提供更智能、个性和便捷的体验，同时提高了效率和效果。

这一趋势预示着未来智能产品将继续发展，不断改进用户体验，并改变人们与科技的互动方式。产品的设计方式当然也随之改变。这些产品可以涵盖各个领域，从智能手机和智能家居设备到智能健康监测设备和自动驾驶汽车。以下是这些智能产品的主要分类与介绍。

5.2.1 智能服务产品

（1）智能医疗产品

智能产品在医疗领域有着广泛的应用，包括健康监测设备、智能药物管理系统和基于 AI 的诊断工具。这些产品可以追踪生理数据，提供远程医疗保健，并加速疾病诊断和治疗。

人工智能在医学影像领域具有广泛的应用。医疗影像分析系统可以使用深度学习算法来自动检测和诊断各种疾病，如癌症、糖尿病性视网膜病变和神经退行性疾病。这有助于提高早期疾病检测的准确性和效率。

通过分析患者的遗传信息、病史和生活方式，智能医疗产品可以为每位患者提供个性化的治疗方案。这包括个性化的药物选择、剂量和治疗计划，以提高治疗效果，减少不良反应。

患者可以使用智能医疗应用程序来追踪他们的药物使用，接收用药提醒和记录药物反应。这有助于提高药物依从性，确保治疗计划的有效实施。

智能医疗机器人在手术室和医疗环境中发挥越来越重要的角色。它们可以执行高精度手术、药物分发和患者监测任务。这提高了手术成功率和患者安全率。

人工智能可以分析大规模健康数据，以帮助医疗机构进行资源分配和流行病学预测。这有助于提前干预疫情暴发，优化健康资源使用。

患者可以通过智能医疗应用程序获取健康信息、建议和支持。这有助于提高患者的医学知识，改善患者自我管理能力，提供更好的患者教育和支持服务。

（2）智能娱乐产品

智能娱乐产品包括基于人工智能的视频游戏、虚拟现实体验和音乐推荐服务。这些产品使用机器学习来适应用户的兴趣和反馈，提供更有趣的娱乐体验。社交媒体平台和内容提供商使用 AI 来分析用户的兴趣和行为，为他们推荐相关的内容、广告和链接。这可以提高用户参与度和广告的效益。

如图 5-1 所示，苹果公司最新推出的 Vision Pro VR 眼镜可给人们带来了一场绝妙的沉浸式体验，可以用手势、眼睛或语音来探索这个全新的数字世界。Apple Vision Pro 配备了超高分辨率的显示系统，具有两个 2300 万像素的显示屏，可享受极致的视觉效果。独特的双芯片设计，由定制的 Apple 芯片提供支持，确保流畅的图像渲染和运行速度。另外，它还拥有 12 个摄像头、5 个传感器和 6 个麦克风，人们能够更好地与虚拟世界互动。Apple Vision Pro 提供了真实而逼真的沉浸感，通过空间音频和超大屏幕，让人们完全融入虚拟世界。

图5-1　苹果公司头戴式视觉设备Apple Vision Pro

（3）智能金融产品

智能金融产品包括智能投资平台、虚拟助手和风险管理工具。这些产品使用数据分析和机器学习来帮助用户做出更好的财务决策，优化投资组合，检测潜在的金融风险，并提供个性化的理财建议。人工智能时代的智能金融产品体现在以下几个方面。

个性化服务：利用机器学习和数据分析技术，金融服务机构能够提供更加个性化的产品和服务，比如根据用户行为和偏好推荐投资产品或理财建议。

智能风险管理：金融服务机构使用 AI 进行风险评估和监控，以实现更有效的信用评分和欺诈监测。通过分析大量历史数据，AI 可以帮助识别潜在的风险并预测未来趋势。

自动化运营：AI 在金融服务中可以实现业务流程的自动化，如智能客服、自动文档处理和交易执行等，提高效率并降低成本。

增强客户体验：通过智能语音和自然语言处理技术，金融服务机构能够提供更加人性化和便捷的客户交互体验，例如使用聊天机器人解答客户咨询。

安全认证：利用生物识别技术，如指纹和人脸识别，进行身份验证和授权交易，提高金融交易的安全性。

投资策略优化：AI 技术可以辅助投资者分析市场动态，制定和调整投资策略，以及进行资产配置和量化交易。

合规与监管科技（RegTech）：AI 能够帮助金融服务机构更好地遵守法规要求，通过自动化监控和报告减少合规风险。

新支付技术：AI 也在支付领域中发挥作用，比如实时反欺诈检测、支付行为分析等，为支付系统提供支持并增强用户体验。

联邦学习和机密计算：金融服务机构正在探索如何在保护隐私的同时共享数据和模型，以建立和部署更安全可信的 AI 系统。

这些智能金融产品的发展和普及将不断推动金融行业的创新，提升服务效率和质量，同时也带来新的挑战，如数据隐私保护、算法透明度和伦理问题等。随着技术的不断进步和监管政策的完善，预计未来金融行业将更深入地融合人工智能技术，为客户提供更加全面和高效的服务。

（4）智能教育产品

智能教育产品包括在线学习平台、个性化教育应用和虚拟教育助手。这些产品使用机器学习来分析学生的学习习惯，为他们提供定制的学习材料和建议。虚拟教育助手可以回答学生的问题，提供实时反馈，并提供互动式教育体验。人工智能时代的智能教育产品体现在以下几方面。

个性化学习支持：AI 技术可以根据学生的学习习惯和能力提供个性化的学习资源和路径，

使每个学生都能按照自己的节奏和风格学习。

教学管理自动化：通过智能系统，教师可以更高效地管理课堂、批改作业和跟踪学生进度，从而有更多时间专注于教学和学生互动。

虚拟助教与教练：AI助教可以回答学生的常见问题，而AI教练则能够提供定制化的训练和反馈，帮助学生掌握新技能。

实时数据分析：智能教育产品能够实时收集学习数据并进行分析，帮助教师了解学生的学习情况，及时调整教学策略。

交互式学习体验：利用虚拟现实和增强现实等技术，学生可以沉浸在模拟环境中进行实践操作，提高学习的趣味和效果。

智能评估系统：AI可以对学生的作业和考试进行自动评分，甚至提供针对性的学习建议，帮助学生在薄弱环节上取得进步。

跨学科知识整合：AI技术整合不同学科的知识，帮助学生建立跨学科的思维模式，促进创新思维的发展。

教育资源的智能推荐：根据学生的学习历史和兴趣，智能系统可以推荐合适的教育资源，包括书籍、视频和在线课程等。

远程教育与协作：AI技术支持的远程教育平台使得地理位置不再是学习的障碍，学生和教师可以在任何地方交流和协作。

教育游戏化：AI可以根据学生的反馈调整游戏化学习的难度和内容，使学习变得更加吸引人。

综上所述，这些智能教育产品的发展和普及将不断推动教育行业的创新，提升学习效率和质量。同时也带来新的挑战，如数据隐私保护、算法透明度和伦理问题等。随着技术的不断进步和教育政策的支持，预计未来教育将更加深入地融合人工智能技术，为学生提供更加全面和高效的学习体验。

（5）智能陪伴产品

智能陪伴产品可以采用各种形式提供情感支持、社交互动和陪伴，包括虚拟助手、社交机器人、情感智能应用程序等，旨在满足用户的情感和社交需求。

在老龄化社会中，老年护理机器人使用人工智能技术来提供陪伴和支持老年人。它们可以监测健康状况、提供药物提醒、进行日常对话和提供应急支持。

社交机器人是用来模拟人类陪伴和社交互动的智能产品。它们可以在各种情境下使用，从个人陪伴到教育和娱乐。社交机器人通常具有面部表情和语音识别功能，以便更自然地与用户互动。

虚拟宠物和伴侣是一种特殊类型的智能陪伴产品，如数字宠物、虚拟人物或机器人伴侣，它们可以回应用户的情感需求、提供安慰和娱乐。

一些产品专注于提供虚拟陪伴对话，以减轻孤独感和社交隔离。这些应用程序可以模拟真实对话，提供友善和支持性的互动。人工智能技术可以让将来我们生活中的产品都"活"起来，提供主动式服务。

（6）智能客服产品

智能客服产品包括聊天机器人和虚拟客服代理。这些产品使用自然语言处理技术来回答用户的问题、解决问题，并提供支持。它们可以实现全天候的在线支持，提高客户满意度。

图5-2所示的ChatGPT4.0继承了之前版本的强大文本生成能力，并对其进行了扩展和优化，以提供更加先进的语音对话服务。此外，它还引入了更多数据和更复杂的模型架构，以支持多语言和更广泛的应用场景。它可以提供以下服务。

图5-2　ChatGPT4.0智能语音对话服务

智能客服助手：为企业提供全天候的客户支持服务，能够处理客户的常见问题，为客户提供快速、准确的回答。

个性化语音助手：为用户提供个性化的信息查询、日常事务管理、提醒和其他服务。

教育辅导：帮助学生解答学术问题，提供学习资源和建议。

多语言支持：支持多种语言，可以为不同国家和地区的用户提供服务。

语音转文本和文本转语音：为用户提供实时的语音转文本和文本转语音服务，支持多种语言。

高效应答：通过对大量数据的训练，可以迅速并准确地回答用户的问题。

自然对话：通过深度学习技术，模拟人类的对话方式，为用户提供更加自然、流畅的对话体验。

持续学习：随着使用量的增加，可以持续学习并改进，提供更加准确和个性化的服务。

为视障人士提供语音助手：视障人士可以通过语音与ChatGPT4.0进行交互，获取所需的信息和服务。

为非母语用户提供翻译服务：支持多种语言，可以为非母语用户提供实时的翻译服务，帮助他们更好地与其他人交流。

为老年人提供健康咨询和日常生活助手：为老年人提供健康咨询、药物提醒、日常事务管理等服务。

为边远地区的用户提供信息查询和学习资源：边远地区的用户可能无法轻易获取所需的信息和学习资源，通过ChatGPT4.0，他们可以轻松地获取这些资源。

ChatGPT4.0智能语音对话服务为人们提供了方便、快速、准确的信息查询和日常事务管理服务，特别是对于视障人士、非母语用户、老年人和边远地区的用户，它提供了巨大的帮助和便利。随着技术的进步，未来这种服务将更加智能化、个性化，为更多的人提供帮助。

（7）智能城市解决方案

智能城市解决方案整合了各种智能产品和传感器，以优化城市运行和资源利用。这些解决方案包括智能交通管理、垃圾回收、能源管理和智能建筑等，以提高城市居民生活质量、提高交通效率、提供智能安全环境和改善能源利用效率。这些项目涉及城市规划、交通管理和基础设施。

人工智能时代的智能城市解决方案涉及多个方面，旨在通过集成和应用AI技术，提高城市管理效率、增强居民生活质量以及促进城市可持续发展。以下是一些主要的智能城市解决方案。

智慧交通系统：利用AI进行交通流量分析和管理，减少拥堵，优化路线规划，实现智能信号控制和车辆调度。

安全监控与执法：部署AI增强的视频监控系统用于公共安全，包括自动识别可疑行为和实时报警，以及面部识别等技术加强城市安全监管。

环境监测与管理：运用AI分析环境数据，预测空气质量变化，及时响应污染事件，并优化垃圾收集和处理流程。

能源管理：通过AI优化能源分配和使用效率，例如智能电网的构建，以及可再生能源的集成和调控。

水资源管理：使用AI技术监控水质和水位，有效预测和管理水资源供应，确保可持续利用。

健康医疗服务：AI 辅助的远程医疗和健康监测服务，提供个性化健康建议，减轻医疗体系压力，并提升公共卫生水平。

智能建筑和家居：AI 在建筑物的能源管理、室内环境控制以及维护工作中发挥作用，提升居住和工作环境的智能化程度。

市政服务自动化：AI 可以帮助自动化处理市政服务请求，如报修、许可证申请等，提高响应速度和服务效率。

城市规划与发展：AI 工具能够分析大量数据来支持城市规划决策，使城市发展更有序、高效并符合长远利益。

公民参与和社会服务：利用 AI 平台促进居民参与城市治理，提供定制化的社会服务，如老年人护理、儿童教育等。

灾害预警与应对：AI 可以分析气象数据和历史趋势，提前预警自然灾害，帮助制定紧急应对措施和救灾计划。

综上所述，这些智能城市解决方案的推广将不断推动城市运营的智能化，提升居民生活品质和城市可持续发展能力。然而，它们也带来了新的挑战，如数据隐私保护、算法公正性和网络安全等问题。随着技术的不断进步和政策的支持，预计未来的城市将更加深入地融合人工智能技术，成为更加智能、便捷和宜居的环境。

5.2.2 智能工业产品

智能工业产品包括智能制造设备、物联网传感器和预测性维护系统。这些产品使用人工智能技术来提高生产效率、降低设备故障率，从而减少生产成本。

（1）智能交通产品

智能交通产品包括自动驾驶汽车、智能交通灯和交通管理系统。这些产品使用传感器、计算机视觉和自动化技术来改善道路安全、交通效率和驾驶体验。自动驾驶汽车能够根据路况自主导航，减少交通事故的风险。

如图 5-3 所示，特斯拉是电动车制造领域的佼佼者，其车载的自动驾驶仪（autopilot）和完全自动驾驶（Full Self-Driving，FSD）功能已经为用户提供了许多便利。特斯拉的进步不仅在于其对电动车技术的革命性创新，还包括其在自动驾驶领域的探索。

① 创新之处

自动驾驶辅助：特斯拉的自适应巡航控制可以根据前车的速度和与其的距离自动调整车速，确保安全驾驶。车道居中保持功能利用摄像头监控道路标线，确保车辆始终保持在车道中央。此外，自动变道则是基于车辆的周围环境和交通情况进行决策，确保变道的安全性。

图5-3　特斯拉自动驾驶系统

自动泊车：通过高精度传感器，车辆可以自动识别合适的停车位，并自动完成停车过程，大大减轻了驾驶员的负担。

智能召唤（Smart Summon）功能：在停车场，车辆可以接收到车主的指令，无需驾驶员驾驶，自动找到车主或自动驶入停车位。

交通信号灯和停车标志识别：通过前置摄像头，车辆可以识别交通信号灯和停车标志，并据此做出相应的驾驶决策。

② 未来可能的功能

完全自动驾驶：随着技术的不断进步，未来的特斯拉车辆有望实现L5级别的完全自动驾驶，即车辆可以在任何路况和环境下，无需人为干预自动行驶。

车辆间通信：V2V（Vehicle-to-Vehicle）通信技术将允许车辆间实时交换信息，协同驾驶，这有助于大大减少交通事故。

自动充电：结合自动驾驶技术，车辆在电量不足时可以自动驶到最近的充电桩进行充电，并在充电完成后自动离开。

车内环境优化：利用生物识别技术，车辆可以监测驾驶员和乘客的生理状态，如心率、血压等，并据此调整车内环境。

虚拟交通助手：结合 AR 技术，为驾驶员提供 3D 导航、路况提示、路线规划等实时信息，使驾驶更加直观便捷。

③ 对未来智能交通产品的构想

无人出行服务：基于完全自动驾驶技术，未来可能出现无人出行服务。用户只需通过手机应用预订车辆，车辆会自动驶来，将用户送到目的地。

智能交通网络：V2I（Vehicle-to-Infrastructure）通信技术将使车辆、道路和其他交通基础设施实现互联互通。这种网络化的交通系统可以实时监测交通流量，预测交通状况，从而优化交通流。

个性化出行体验：结合 AI 技术，车辆可以学习并预测用户的习惯和喜好，如常用路线、喜欢的音乐、座椅位置和角度等，为用户提供高度个性化的出行体验。

特斯拉作为智能交通的领军者，不仅为人们提供了更加环保、安全的出行方式，而且引领了整个交通产业向智能化、网络化、绿色化的方向发展。

如图 5-4 所示，宝马提出的"Shy Tech"科技内隐的设计逻辑让产品看起来不那么高科技，更亲近一些，用高端的技术无形地服务于人。与其他车企强调科技感、展现尖端技术特点的设计不同，宝马认为未来的汽车内饰设计应当更注重人性化，使技术更为"隐形"，让车辆内部看起来更加纯粹、整洁。下面详细介绍其核心思想。

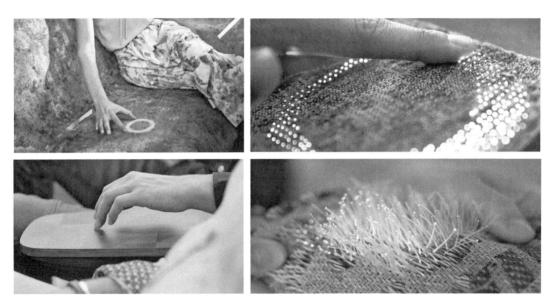

图5-4　宝马提出的"Shy Tech"科技内隐的设计逻辑

技术的隐形性与自然性："Shy Tech"强调技术不需要过于显眼，而应该与车辆内饰自然融合。当驾驶员或乘客需要使用某项功能时，相关的技术自然而然地呈现出来；而在不需要时，则隐于背后，不干扰驾驶员和乘客的视线和感受。

提供更纯粹的体验：这种设计理念追求的是一种更为纯粹、更少打扰的驾驶体验。它去除了不必要的按键、显示屏和指示灯，只在必要时提供所需的信息和功能，从而使得驾驶员可以更加集中地驾驶，乘客也能享受到更为放松的乘车体验。

更强的人机互动：尽管技术被隐匿，但"Shy Tech"并不意味着减少了人机互动。相反，通过语音识别、手势控制、面部识别等先进技术，宝马希望提供更加直观、自然的交互方式，使驾驶员和乘客可以更加轻松、自然地与车辆进行交互。

高度的定制化："Shy Tech"还意味着更高程度的个性化和定制化。驾驶员和乘客可以根据自己的喜好和需求，调整车辆的设置，使其更加符合自己的驾驶和乘车习惯。这种定制化的体验使得每一位用户都能得到专属于自己的驾驶和乘车体验。

"Shy Tech"是宝马对未来汽车设计的一种新的思考。它强调技术应当为人服务，而不是单纯地展现技术。通过将技术隐匿在背后，只在需要时呈现，宝马希望为用户提供更为纯粹、自然、人性化的驾驶和乘车体验。

（2）智能物流

人工智能在制造业和物流领域有广泛应用。自动化生产线和机器人能够提高生产效率，同时降低成本。预测性维护通过分析设备数据来减少停机时间。智能物流系统可以实现更高效的物流和库存管理。人工智能时代的智能物流主要涉及以下几个方面。

无人运输工具的应用：这包括无人卡车、自动引导车（AMR）、无人配送车和无人机等，这些智能设备可以在物流中代替人工执行运输和配送任务。

计算机视觉和机器学习：这些技术在物流行业中用于改善仓库管理、货物分拣和质量检查等环节，提高作业效率和准确性。

运筹优化：AI技术通过优化算法帮助物流公司提高路线规划的效率，减少运输成本，提升配送速度。

智能仓储：利用自动化设备和智能系统进行货物存储、拣选和搬运，大幅度提升仓库作业效率。

智能客服：采用自然语言处理技术的聊天机器人能够提供全天候的客户咨询服务，改善用户体验。

大数据在物流中的应用：基于大数据的分析预测物流需求、优化资源分配以及监测物流执行情况，使得整个供应链更加透明高效。

随着技术的不断成熟和政策的支持，预计未来智能制造和物流行业将变得更加智能化，进一步推动产业升级和经济增长。

5.2.3　智能家居产品

智能家居产品是典型的人工智能产品，它们使用各种传感器和智能算法来监控和控制家庭环境。这些产品包括智能恒温器、智能灯具、智能安保系统和语音助手（如Amazon Alexa、Google Assistant、小米的小爱同学和米家智能家居系统等）。它们能够根据用户的习惯和偏好自动调整温度、照明和安全设置，提高家居的便利性和效率。这些产品能够通过自然语言处理回答问题、执行任务、提供建议，还可以控制其他智能设备。

如图 5-5 所示，想象一下，你正踏着舒适的步伐，进入家门，灯光温柔地照亮了整个房间。这一切并不需要按下开关，也无需使用手机 APP，因为你的房间里有一款神奇的智能产品——米家皮皮灯。

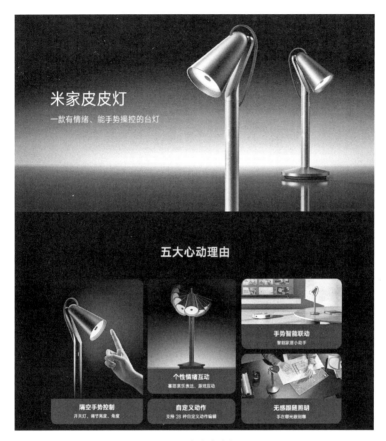

图5-5　米家皮皮灯

米家皮皮灯，一款独具创意和智能的台灯，以其卓越的功能和令人惊叹的特性，为用户带来了前所未有的灯光体验。这款台灯的最大特点就是隔空手势控制，通过内置的 AI 交互摄像头和手部关键点检测算法，实现了低延时的隔空手势交互。无需触摸开关，只需简单地伸掌，灯光就会瞬间亮起；握拳则可以轻松关闭灯光；捏合手指可以调节灯光的亮度；OK 手势则可以调整灯光的角度。只需动动手指，就能掌控整个房间的照明，简单而便捷。

除了隔空手势控制外，米家皮皮灯还具备智能联动的功能。用户可以在米家 APP 上设置智能场景，让皮皮灯与其他智能家居设备实现联动。无论是起床时自动开启灯光，还是晚上休息时自动关闭灯光，皮皮灯都能与生活场景完美融合。

不仅如此，米家皮皮灯还拥有无感跟随照明功能。它内置了智能识别手部位置的算法，会自动跟随人的手部移动，调整灯头的角度，确保获得最佳的照明效果。令人惊喜的是，米家皮皮灯不仅仅是一款普通的台灯，它还具备丰富的情绪动作表达功能。内置的情绪反馈机制赋予了皮皮灯多种情绪的表达能力。可以通过触摸、隔空控制等方式与它进行互动。当心情值超过一定阈值时，皮皮灯会转化成平静、高兴、生气等不同表情，营造出一个有趣而温馨的家居氛围。

5.2.4 智能健康产品

智能健康产品包括智能手表、健康检测设备和医疗设备，它们使用传感器和机器学习来监测用户的健康状态。这些产品能够跟踪心率、睡眠质量、体温和活动水平，并提供个性化的健康建议。一些智能健康产品还能够帮助医生进行远程诊断和治疗。

苹果手表（Apple Watch）作为苹果公司的旗舰智能手表产品，自推出以来已经融合了许多与健康和健身相关的功能（图5-6）。它不仅仅是一个时尚配件或是智能手机的扩展，更是一个功能强大的健康助手。以下是Apple Watch在健康领域为用户提供的主要服务。

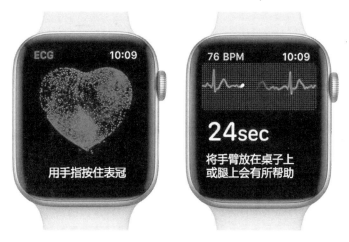

图5-6　Apple Watch

心率监测与实时心率检测：Apple Watch通过内置的心率传感器可以实时监测用户的心率，帮助用户了解自己的身体状态。

心率提醒：当检测到心率异常，例如过高或过低时，Apple Watch会发送通知，提醒用户注意。

健身追踪与运动类型识别：Apple Watch可以识别和追踪多种运动类型，如跑步、游泳、骑行等。

活动圈：展示用户的日常活动数据，包括站立、运动和消耗的热量，鼓励用户完成每日活动目标。

睡眠追踪：通过 Apple Watch，用户可以追踪自己的睡眠模式和质量，以更好地理解和改善睡眠习惯。

呼吸应用：Apple Watch 提供的呼吸应用可以引导用户进行深呼吸练习，有助于减轻压力和放松身体。

跌倒检测与紧急 SOS：当手表检测到用户出现跌倒动作，会发出提醒并询问用户是否需要求救。如果用户无法回应，手表会自动拨打紧急联系人或急救电话。

噪声应用：Apple Watch 可以实时监测周围环境的噪声水平，并在达到可能对听力造成损害的水平时提醒用户。

心电图（ECG）功能：在支持的地区和型号上，Apple Watch 还能够进行简单的心电图检测，帮助用户检测心律不齐等可能的心脏问题。

女性健康追踪：Apple Watch 还为女性用户提供了经期追踪功能，帮助女性更好地了解和管理自己的身体健康。

健康分享与家庭健康：用户可以与家人和朋友分享自己的健康和健身数据，互相激励和支持。

洗手检测：在某些版本中，Apple Watch 还增加了洗手检测功能，能够识别用户洗手的动作并开始计时，确保用户充分洗手。

血氧监测：在新版本的 Apple Watch 中，内置了血氧传感器，可以检测用户的血氧饱和度。这对于在高海拔地区活动或关注呼吸系统健康的用户来说是非常有价值的。

轮椅用户模式：为了照顾到不同用户的需求，Apple Watch 提供了轮椅用户模式，对运动和健康追踪进行了特殊优化。

食品和水摄入记录：通过与第三方应用整合，用户可以在 Apple Watch 上记录自己的饮食和水摄入，以更全面地了解自己的健康习惯。

药物提醒：对于需要定时服药的用户，Apple Watch 可以设定药物提醒，确保用户不会错过服药时间。

连接医疗记录：在支持的地区和医疗机构，用户可以将其医疗记录同步到"健康"应用，与 Apple Watch 的健康数据进行整合，更好地管理自己的健康状况。

数据保护和隐私：Apple Watch 非常重视用户的健康数据隐私。所有数据都会被加密存储，且用户可以完全控制自己的数据访问和分享权限。

疾病预防与管理：通过持续的健康数据追踪和分析，Apple Watch 可以帮助用户提前发现可能的健康问题，并给出建议或提醒用户寻求专业医疗建议。

苹果健康研究：用户可以选择加入苹果与医学机构合作的健康研究项目，通过分享自己的健康数据来支持医学研究。

心理健康关注与情绪追踪：Apple Watch 能够通过用户的生物反馈检测其情绪变化，提醒用户关注自己的情绪和精神健康。

冥想与放松：Apple Watch 内置的冥想应用可以帮助用户进行短暂的冥想和放松，有助于减轻压力。

防晒提醒：通过实时监测 UV 指数，Apple Watch 可以提醒用户采取防晒措施，如涂抹防晒霜或戴帽子。

长时间佩戴舒适度提醒：若用户长时间佩戴手表过紧，会收到调整手表松紧度的提醒，以确保佩戴舒适并保证传感器的准确性。

与医生互动：用户可以将手表上的健康数据直接分享给医生，实现远程健康监测，使医生能够实时掌握患者的健康状况。

风险预警：结合气象数据，Apple Watch 可以为患有哮喘或其他呼吸道疾病的用户提供空气质量预警。

疫情追踪与提醒：在特定地区，Apple Watch 支持疫情接触追踪功能，当接触到确诊者时，会收到提醒。

药物与治疗计划管理：通过第三方应用，用户可以设置药物摄入计划，追踪治疗进展，并设有服药提醒。

身体成分分析：未来版本的 Apple Watch 可能集成更多传感器，如皮肤电阻传感器，帮助用户分析身体成分，例如水分、脂肪和肌肉比例。

糖尿病管理：通过与第三方设备的整合，如持续血糖监测器，Apple Watch 可以帮助糖尿病患者更好地管理血糖。

运动技巧指导：结合内置传感器，Apple Watch 可以为用户提供运动过程中的即时反馈，如瑜伽动作的纠正或跑步姿势的优化。

家庭健康集成：通过与 HomeKit 等家庭自动化系统的整合，Apple Watch 可以实时控制和监测家中的健康相关设备，如空气净化器、智能床垫等。

社区健康共享：用户可以选择分享自己的健康数据到社区，与其他用户交流健康经验和建议，形成一个健康社群。

长期健康规划：Apple Watch 能够基于用户的历史健康数据，为用户制定长期的健康计划和目标，提供持续的健康指导和反馈。

Apple Watch 的健康功能不断丰富，其全面的健康管理方案不仅包括传统的运动和身体健康，还深入情绪、心理和疾病管理等领域，为用户提供了一个全方位的健康管理体验。Apple Watch 不仅仅是一个普通的智能手表，更是一个集成了多种健康管理工具的智能健康助手。其强大的健康功能和用户友好的设计理念，使它成为了许多用户追求健康生活的得力伙伴。

5.2.5　智能批量定制产品

从传统的生产模式到大批量定制化设计，其核心变革在于满足每个用户的独特需求，同时维持规模生产的经济效益。以下将从设计学与技术可实现性的角度对大批量定制化设计进行深入探讨。

（1）设计学角度

①　用户中心性：大批量定制化设计强调用户的主体地位。设计不再是固定不变的模板，而是一个与用户互动、调整的过程。通过理解用户的需求、偏好和使用场景，设计师可以为每个用户提供独特的解决方案。

②　模块化设计：为了实现大规模定制，设计师通常采用模块化的设计方法。每个模块都有固定的功能和接口，但可以根据用户的需求进行组合和调整，从而实现大规模的个性化。

③　灵活性：在大批量定制化设计中，灵活性是关键。设计师需要考虑如何在满足用户独特需求的同时，确保设计的灵活性和可适应性，从而快速响应市场变化。

（2）技术可实现性角度

①　数字化技术：数字化技术，如计算机辅助设计（CAD）和计算机辅助制造（CAM），为大批量定制化设计提供了强大的技术支持。通过这些工具，设计师可以快速将用户的需求转化为实际的产品设计，并将设计导入生产线进行制造。

②　自动化生产线与机器人技术：自动化生产线和机器人技术可以实现快速、高效的生产。这些技术使得生产线可以在很短的时间内从制造一个产品切换到另一个产品，从而实现大规模的定制化生产。

③　3D打印技术：3D打印技术为大批量定制化设计提供了新的生产方式。与传统的切割、锻造和铸造等方法相比，3D打印技术可以直接从数字模型生成实体产品，大大缩短了生产周期，降低了成本。

④　数据分析与人工智能：数据分析技术可以帮助企业更好地了解用户的需求和偏好，从而为用户提供更为精准的定制化解决方案。而人工智能技术，如机器学习，可以自动分析大量的用户数据，从而预测用户的需求，为设计师提供有价值的建议。

（3）跨学科领域

大批量定制化设计是一个跨学科的领域，它涉及设计学、工程学、计算机科学等多个领域。无论从哪个角度看，其核心都是在满足用户独特需求的同时，实现规模生产的经济效益。通过现代技术的应用，这一目标已经变得越来越可行。

近年来，随着消费者对个性化需求的增长和生产技术的进步，大规模定制已逐渐成为电子商务的一个显著趋势。从定制 T 恤到专属化妆品，从个性化家具到量身定做的首饰，大规模定制正在重新定义消费者的购物体验（图 5-7）。

图5-7　大规模定制，电子商务的下一个大趋势

（4）大规模定制成为趋势的条件

① 消费者需求的多样性：在信息爆炸的时代，消费者不再满足于单一、固定的产品选择。他们希望自己的产品可以反映自己的个性、价值观和生活方式，大规模定制正好满足了这一需求。

② 生产技术的进步：3D 打印、自动化生产线、先进的软件工具等技术的发展使得大规模定制变得更为经济和高效。

③ 数据驱动的个性化推荐：电子商务平台收集并分析大量的用户数据，可以根据消费者的浏览和购买历史为其推荐合适的定制选项。

（5）大规模定制影响电子商务的方式

① 购物体验的变革：购物不再是选择已有的产品，而是参与产品的设计和制造过程中，消费者从被动的选择者变成了主动的创造者。

② 供应链的重塑：传统的预测驱动的供应链需要进行调整，以满足消费者的定制需求。库存管理、生产计划和物流都需要更为灵活和响应迅速。

③ 产品价格和利润结构的变化：定制化产品往往价格更高，但由于更符合消费者需求，

退货率可能会降低，从而提高利润。

④ 品牌与消费者关系的加强：定制化的购物体验使品牌与消费者之间的联系更为紧密，消费者对品牌的忠诚度也会相应提高。

（6）未来的挑战和机遇

① 生产和物流的挑战：如何在短时间内生产和交付大量的定制产品是一个巨大的挑战。

② 技术和数据安全的考量：个性化定制需要大量的数据支持，如何确保数据的安全和隐私是一个需要重视的问题。

③ 消费者教育：如何让消费者理解和欣赏定制化产品的价值，培养其对定制化购物的兴趣和习惯，是品牌需要考虑的问题。

大规模定制已经成为电子商务的一个重要趋势，它为消费者提供了更为个性化的购物体验，同时也为企业带来了新的机遇和挑战。

5.3 实践案例

随着科技的飞速进步，智能产品不再局限于大企业的研发中心，而是在全民设计的浪潮中逐渐呈现出更为定制化和智能化的特点。人工智能技术的成熟、各种创新制作产品工具、传感器应用、开源设计思潮及 3D 打印技术，更好地推动用户参与的智能创新产品的发展。

随着大数据、机器学习和深度学习技术的发展，人工智能技术已经在众多领域得到广泛应用。这使得产品不仅能够进行简单的任务处理，还能根据用户的使用习惯进行学习和调整，从而达到高度定制化的效果。例如，智能家居系统可以通过分析用户的生活习惯，调整家中的设备运作，使其更符合用户需求。

Arduino 等开放平台提供了一个低成本、高度灵活的解决方案，使得个人和小团队也能轻易制造出功能丰富的硬件产品。伴随各种传感器的普及，如温湿度传感器、距离传感器等，使得这些产品更加智能化。

全民设计时代意味着每个人都可以是创作者。如开源社区 GitHub 提供了一个平台，使得人们可以共享自己的设计思路和产品方案。这种开放的态度不仅加速了创新的步伐，还使得产品更加贴近用户的实际需求。

3D 打印技术的成熟为定制化生产提供了可能。无论是简单的日常用品，还是复杂的机械部件，都可以通过 3D 打印技术快速制造。这为用户提供了一个直接参与产品制造的机会，他们可以根据自己的需求进行设计，并在短时间内得到实体产品。

用户参与的定制化智能创新产品已经成为未来发展的一个重要方向。结合人工智能技术、开放的设计工具、传感器应用和 3D 打印技术，我们有理由相信，在不久的将来，每个人都可以成为创新者，生产出真正属于自己的、满足个性化需求的智能产品。

下面以苏州大学工业设计系学生的实验作品为例，介绍用户参与的定制化智能创新产品。

5.3.1 "邀月"——基于社交环境中情绪影响因素的产品

Z 世代的人群特点是有很强的社交需求感，对主动社交有担心尴尬等复杂的情绪变化，他们不太主动接触陌生人，但同时也希望结交新的朋友。Z 世代独生子女比例更高，课业相对繁重，导致孤独感更强，社交需求更为强烈。2020 年中国城市家庭平均生育子女人数达 0.94 个，明显低于 1990 年的 1.55 个。75% 的 Z 世代表示希望有更多时间和同伴在一起，同时 Z 世代渴望与同辈之间的归属感，通过共同语言吸引同好形成社交圈子。

"邀月"是一款情绪检测设备（图 5-8）。"邀月"的名称来自"邀约"的谐音，该产品旨在促进人与人之间的社交行为，满足社交需求感，进而提升人们的幸福指数。使用太阳与月亮之间的引力作用隐喻社交场景下的用户的社交需求感。

通过碰撞传感器与周围好友进行连接，并根据对方最近的行踪推送相关的话题。由皮肤电反应（GSR）传感器检测血管收缩的变化和汗液分泌变化体现的人体心理和情绪反应，经过 Wi-Fi 模块上传到手环接着传达情绪状态，并给予周围的好友相关的建议和推荐等。用户自身可通过硅胶内的压力传感器进行注意力的转移和压力的缓解，也可以通过挤压圆形屏幕和月牙形硅胶查看聚会场景下由话题引起的情绪波动情况。移动端的 APP 也可以设置聚会状态和话题引导。

5.3.2 "H-EALING"——基于助听犬行为模式的 AI 机器人伴侣开发

助听犬的核心功能在于"助听"和"情绪价值"，它能够在辅助听障人士听音的同时，给予他们全天的陪伴与守候，从而让听障人士从心理层面上得到帮助，让他们能够接纳自己的特殊身份，并不再为此感到消极和焦虑。然而，助听犬的培养成本过于高昂，不论是从培训周期还是领养费用上来说都使得其稀有。因此，我们决定把助听犬的行为模式作为人工智能产品的开发基础，通过还原助听犬"助听"的行为机制，设计一款机器人伴侣，使其在拥有助听犬核心功能的同时，能够普遍地适用于听障人群、老年人群以及孤独敏感类人群（图 5-9）。在 APP方面，我们希望能够搭建一款听障人士的综合平台，从而帮助他们解决作为少数群体在社会上开展活动和使用资源困难的问题。

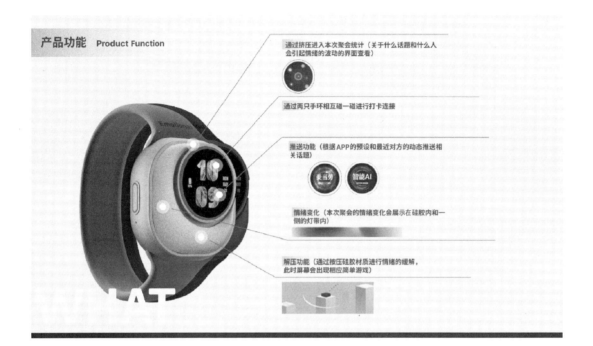

产品功能 Product Function

通过挤压进入本次聚会统计（关于什么话题和什么人会引起情绪的波动的界面查看）

通过两只手环相互碰一碰进行打卡连接

推送功能（根据APP的预设和最近对方的动态推送相关话题）

麦当劳　智能AI

情绪变化（本次聚会的情绪变化会展示在硅胶内和一侧的灯带内）

解压功能（通过按压硅胶材质进行情绪的缓解，此时屏幕会出现相应简单游戏）

技术实现 Technical Realization

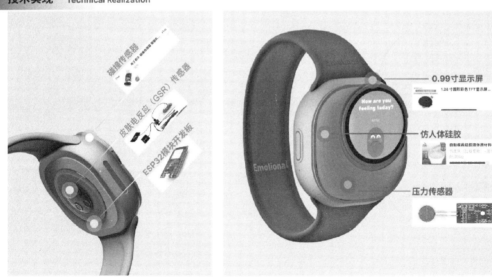

磁撞传感器

皮肤电反应（GSR）传感器

ESP32模块开发板

0.99寸显示屏
1.28寸圆形彩色TFT显示屏...　37元

仿人体硅胶
自制模具硅胶液体原材料手...　19元

压力传感器

图5-8　"邀月"——基于社交环境中情绪影响因素的产品
（设计：刘肖飞、李昕桐、耿乐怡，课程导师：戚一翡）

图5-9　"H-EALING"——基于助听犬行为模式的AI机器人伴侣开发
（设计：许琪瑄、韦奕欣、刘梦伊，课程导师：戚一翡）

5.3.3　"cookie box"——基于音乐治疗法针对孤独症儿童社交障碍的干预性智能产品

cookie box 是一款面向孤独症儿童的音乐互动玩具，旨在帮助家长和音乐治疗师对孤独症儿童进行治疗（图 5-10）。该玩具包括五声音阶和十五个不同的发声模块，可以通过简单的操作创造出美妙的音乐。该玩具的设计能够激发孤独症儿童的音乐兴趣，提高他们的社交能力和社交兴趣。在使用该音乐互动玩具时，孤独症儿童可以选择不同的声音模块，探索不同的声音和乐器，并在音乐游戏中发挥自己的创造力。此外，玩具还可以与其他玩具或乐器一起使用，帮助孤独症儿童与其他人进行合作和交流。该音乐互动玩具还可以与音乐治疗师的治疗计划相结合，帮助孤独症儿童更好地理解和应对音乐治疗。它可以让音乐治疗师在治疗过程中更直观地观察孤独症儿童的反应，并根据反应调整治疗方案。

cookie box 的配套设计还包括一个 APP，可以帮助治疗师和父母进行联络，并制订相应的治疗计划。通过这个 APP，治疗师可以将孤独症儿童的治疗计划上传到云端，方便父母随时查看。治疗师和父母也可以通过这个 APP 进行沟通交流，分享儿童的进展和需要改进的地方，以便更好地配合治疗。它也可以记录孤独症儿童的音乐创作和音乐治疗的过程，以便治疗师和父母更好地了解儿童的音乐兴趣和需要。

图5-10 "cookie box"——基于音乐治疗法针对孤独症儿童社交障碍的干预性智能产品

（设计：欧阳嘉跃、余越、汪志伟，课程导师：戚一翡）

5.3.4 "SGARDENER 桌面智能花盆"——面向上班族群体的盆栽智能产品

当今社会，面对繁重的工作压力，栽培盆栽成为很多上班族群体放松身心的选择。我们的研究旨在运用人工智能技术设计一款面向办公人士的盆栽类产品（图 5-11）。软件与产品连接，植物信息在手机上一目了然，保证用户能够清楚地看到植物情况。软件用数据可视化的方式展示了植物数据，及时通知用户照料植物，并且将计时、久坐提醒融合进去，更好地关注用户需求。

图5-11 "SGARDENER 桌面智能花盆"——面向上班族群体的盆栽智能产品

（设计：李羽中、徐灵语、王菀葶，课程导师：戚一翡）

5.3.5 小熊智能儿童桌

学龄前儿童教育对儿童发展起着重大的决定性作用，也是其发展智力、潜力的必要条件。实施适应儿童发展的有目的、有计划的教育，可有效地促进儿童发展，促成学前教育与儿童发展的协调与联结，形成相互制约。儿童如果能在学前教育中得到很好的发展，就为其日后的学习奠定了基础。

本设计是一款智能学龄前儿童学习桌，包含坐姿监测、智能语音助手、桌面收纳提示灯、可弯曲摄像头等智能功能，能够帮助孩子保持正确的坐姿，保护眼睛，培养孩子的收纳意识，随时记录孩子的创意作品和生活（图5-12）。并且有相关APP设计，帮助家长随时随地参与到孩子的成长过程中。本APP的主要目标是辅助家长使用智能儿童桌，因此版面较为简洁，没有繁琐的操作程序。首先是带有品牌LOGO的启动页面，进入APP后，家长可以在个人页面添加孩子，完善孩子的信息，在此页面可以给孩子留言，留言内容会由桌子内置的智能音箱播放。在设置页面可以自由调节桌子高度。在读书栏页面可以看到孩子阅读过的图书的数量以及具体书名，点击图书可以查看该本书的详细信息。在照片栏页面可以看到孩子创作的手工和画作，点击缩略图可以查看大图，并且有保存和删除的选项。

5.3.6 "泡泡"——学龄前儿童自然探索产品

硬件产品以泡泡为灵感确定了造型，整体造型简洁，但不乏童真自然之感。创作者选择了半透明的塑料和硅胶材质，屏幕用半弧形玻璃罩住，体现了泡泡手表的灵动感，同时表带也方便孩子摘戴；产品一共有五种不同颜色，适配活动时不同家庭的区分（图5-13）。软件产品以自然的绿色调为主，界面简约可爱。APP不仅包括定位、通话等基础功能，更有打卡游戏、碰一碰和好朋友增加亲密度的特色功能。

5.3.7 "HIGH LIGHT"——高光智能应援棒

高光智能应援棒是一款基于Arduino平台开发的可适用于多场景的应援助手，可以帮助热爱演出的人以最好的应援体验。冷暖模式、童趣模式、呼吸模式及夜间模式这四大基础功能无需任何额外操作即可享受；连接手机蓝牙后可解锁更多功能玩法，如自定义模式、握力振动模式、同频互联模式、心跳模式、动作模式、舞台模式等；在车矢菊蓝、宝石绿、热情粉、柔情红和自由金的基础配色上还将推出演出限定联名款外观，外观装饰周边等均可自定义替换，多种颜色材质及多种模式的切换组合，定义只属于自己的应援交互（图5-14）。

产品概念生成——产品故事板

图5-12　小熊智能儿童桌

（设计：刘婷玉、孙华阳、翟月蝉，课程导师：戚一翡）

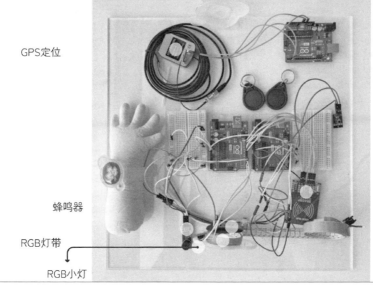

GPS定位

蜂鸣器

RGB灯带

RGB小灯

NFC（模拟
打卡和"碰一
碰"功能）
点阵屏幕

图5-13　"泡泡"——学龄前儿童自然探索产品
（设计：麦子、张煜蔓、季丁潇，课程导师：戚一翡）

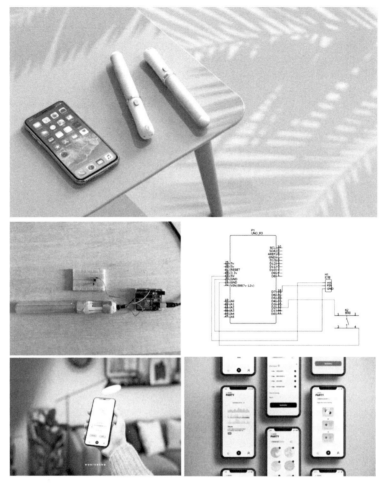

图5-14 "HIGH LIGHT"——高光智能应援棒
（设计：殷旻燊、栾星瑶、朱盈欣，课程导师：戚一翡）

思 考

在人工智能产品的商业模式设计中，如何平衡经济效益和社会效益？

第6章

人工智能产品设计与社会意识

设计已经超越了形态与功能的简单融合，它现在更深刻地体现了思想与社会意识的交织。在本章中，我们将深入挖掘人工智能产品设计与社会意识之间复杂而深刻的联系。我们不仅探讨人工智能如何塑造和影响社会意识，还将一同探索人工智能如何在当前社会中巧妙地解决各种问题。除此之外，我们将展望在人工智能浪潮的推动下，人类的未来可能会呈现何种面貌。在这个不断变化的时代，未来的设计和设计教育应如何定位自身，以引领潮流？让我们共同揭开人工智能产品设计与社会意识交融的无限可能。

6.1　表达设计思想

在现代社会中，设计的核心不仅是解决问题，更是表达一种思想，传达一种情感，或者影响一种行为。当人工智能与设计交汇时，我们得到了一个更加复杂、深入的设计层次。

设计从来都不仅仅是一种创造物体或体验的技术活动，还涉及深刻的哲学、心理和社会层面的表达。传统的设计方法已经能够成功地传达人的情感和思想，那么，当我们将 AI 引入设计中时，这种表达将如何发生变化呢？当这种传统的设计方法遇到了人工智能的现代性，为设计师打开了一扇新的、充满可能性的大门。

（1）机器与人类的共创

在传统的设计流程中，设计师是中心，他们根据自己的经验、直觉和创意进行设计。而在 AI 加入之后，设计师和机器共同参与创作过程。这不仅是一种工具上的增强，还是一种全新的设计思维方式。机器可以为设计师提供大量的数据支持和智能建议，而设计师则能够基于这些建议，注入人类的情感和价值观。

（2）超越传统界限

AI 的介入打破了传统的设计思维界限，使设计师可以更加深入地理解用户的需求和情感。这种深入的理解有助于设计师创造出更加具有共鸣的设计作品，从而更好地传达其设计思想。

（3）算法的美学

传统的设计美学侧重形状、颜色、纹理、文化等元素。而在 AI 设计中，算法的效率、创新性和产生的结果同样具有美学意义。在 AI 设计中，美的定义正在经历一场转变。算法之美不仅关注执行的效率和准确性，更重要的是其创造性和与人类的互动性。设计师不仅要考虑产品的外观和用户体验，还要理解算法的逻辑和其背后的哲学。

图 6-1 所示的 DeepDream 是 Google 的一个实验性项目，它使用卷积神经网络来找出并增强图片中的模式，从而产生一种梦幻般的效果。这不仅是技术的展示，更是一种艺术的表达，它挑战了我们对于"美"的传统定义，展示了机器也能产生富有创意和情感的艺术。

图6-1　DeepDream生成器

（4）动态性与互动性

传统的设计是静态的、固定的，但 AI 为设计带来了动态性和互动性。这种动态性使得设计能够根据用户的行为和情感实时地进行调整，从而更好地表达设计的思想。AI 设计通常更为动态，能够根据用户的行为和偏好进行实时调整。由静转动，这种动态性为设计师提供了更多表达设计思想的机会，但也需要更强的伦理和社会责任意识。

（5）超越可视化

设计的另一个关键方面是它的可视性，但 AI 允许设计超越传统的视觉表达。例如，通过语音助手或感知技术，设计师可以创造出无需直接界面或视觉反馈的用户体验。想象一个博物馆，在这个博物馆里，每个展品都配备了 AI 助手。当游客走近某件展品时，AI 助手会自动讲述关于这件展品的故事，甚至还可以根据游客之前的问题和兴趣为其量身定制内容。这样的设计把重点放在了沉浸式的体验上，而不仅仅是视觉上的美感。

人工智能为设计师提供了一种新的表达方式，使他们能够更加深入、个性化地传达他们的设计思想。从算法产生的艺术到无需界面的体验设计，AI 正在重新定义人们如何理解和实践"设计"。

6.2　创造社会意识

社会意识，简而言之，是对社会中存在的问题和现象的关注和反思。设计不仅是满足用户需求或解决实际问题，还是一种有力的社会沟通工具，可以反映、引导甚至挑战社会的价值观和信仰。与 AI 结合，设计师们有了更多的空间和工具来引起公众对某些社会问题的关注，进而促进积极的社会变革。

人工智能设计不仅仅是为了解决功能性问题，更重要的是它可以创造、加强和传播社会意识。在人工智能参与的设计过程中，可以对多种社会问题进行反思，如隐私权、偏见、平等等。AI 设计不仅仅是技术和艺术的结合，更重要的是，它直接涉及人类的日常生活、情感和社会行为。因此，它必须具有强烈的社会意识和正确的社会观。

（1）实现社会正义的工具

当设计与 AI 相结合时，它不仅可以成为实现功能的工具，还可以成为促进社会正义、增强公众意识的工具。例如，通过 AI 技术，设计师可以创建出更加公正、无偏见的系统，或是教育大众关于某一社会问题的重要性。

（2）映射社会问题

在人工智能设计中，设计师可以将现实世界中的社会问题映射到设计作品中，使其成为一种社会批判的工具。这种映射可以帮助公众更加直观地理解和感受到这些问题，进而产生共鸣和行动。

（3）数据可视化与社会议题

数据本身是中性的，但如何解释和呈现数据却可能会受到各种偏见和立场的影响。人工智能驱动（AI-driven）的数据可视化工具，如 TensorFlow.js 或 D3.js，允许设计师在庞大的数据集中寻找并展示特定的模式和趋势。例如，关于气候变化的数据可视化可以直观地展示地球温度的上升趋势，从而引起公众的关注。通过交互式图表和地图，用户不仅可以看到过去的气候变化，还可以预测未来的趋势，进而理解气候变化的严重性。

（4）AI 艺术与社会议题

艺术作为一种强有力的表达方式，经常被用来关注和评论社会议题。结合 AI 技术，艺术家和设计师可以创造出前所未有的作品来表达他们的观点。比如，有一些艺术家使用生成对抗网络来创造新的艺术作品，反映社会对于真实与虚假、自然与机器的思考。这些 AI 生成的图像、音乐或文本，虽然是由机器产生，但它们触及了我们对于人性、创造性和机器的角色的深层次思考。

（5）伴侣或社交机器人与社会互动

伴侣或社交机器人，如 Sophia 或 Pepper，已经在一些公共场所和家庭中出现。其不仅是工具，更是与人类进行互动的社会实体。设计师可以利用这些机器人关注并反映人类在社交、文化和伦理方面的问题。以护理老人为例。随着全球人口老龄化，如何照顾老人成为一个日益严重的社会问题。社交机器人可以提供陪伴、娱乐和基础的医疗监护，帮助解决老龄化带来的挑战，同时也引发了关于机器和人类关系的思考。

AI技术为设计师提供了一种新的视角和工具，帮助他们更深入地关注和反思社会问题。从数据可视化到社交机器人，设计与AI的结合正在重新定义我们如何理解和应对社会的复杂性和多样性。设计师提供的不仅是产品，而是正确的社会态度、研究成果、创新模式、新鲜视野，甚至是一种放肆不羁的思考方式。

6.3 解决社会问题

人工智能已经在许多领域证明了其能力，从提高生产效率到推动医疗进步。人工智能设计不仅可以反映社会问题，更可以提供解决方案。AI设计的真正力量在于其潜在的能力，可以解决一些我们长期面临的社会问题。

（1）数据驱动的决策

AI技术可以帮助设计师收集和分析大量的数据，从而做出更加明智的决策。例如，在城市规划中，AI可以预测哪些区域最有可能出现交通堵塞，并提供相应的解决方案。

（2）社交机器人与人类的互动

随着AI技术的进步，社交机器人越来越能够像人类一样进行交流和互动。这种技术可以被用于教育、医疗、老年照护等领域，帮助解决一系列社会问题。

（3）环境和气候问题

通过AI设计，我们可以更加精确地预测和分析环境问题，如气候变化、污染和生物多样性丧失，并为其提供可行的解决方案。研究人员正在使用AI分析从卫星图像中收集的数据，以追踪和预测森林破坏。另外，机器学习可以帮助科学家分析动植物种群的变化，预测哪些种群有可能受到威胁，从而采取相应的保护措施。

（4）食品和水资源短缺问题

通过机器学习，可以更精确地预测作物产量，从而帮助农民更好地管理他们的土地。如图6-2所示，IBM的"AgroPad"产品允许农民使用手机快速测试土壤和水的化学成分，优化灌溉和施肥。此外，AI可以监测气候变化，预测干旱和暴雨等极端天气，以帮助农民做出明智的种植决策。

（5）医疗健康

在医疗健康领域AI可以帮助患者更早地诊断疾病，如癌症，从而提高治疗成功率。例如，Google的DeepMind已经在眼疾检测中超越了医生，准确率高达94.5%。此外，通过使用AI，设计师和医疗人员可以为患者量身定制治疗方案，从而提供更个性化的医疗服务。

图6-2　IBM AgroPad 将纸张、人工智能和云技术结合起来分析土壤和水

（6）教育和学习

使用 AI 技术，设计师可以创建个性化的学习，从而满足每个学生的特定需求。例如，Knewton 平台使用 AI 算法为学生提供定制的学习路径，确保他们能够在适当的速度和深度上掌握知识。这样的技术可以帮助解决全球教育不平等的问题，为每个人提供高质量的教育资源。

（7）公共福利

人工智能也可以用于公共福利项目，例如，为残疾人设计的助听设备或是为盲人设计的导航工具。这些项目不仅可以提高特定群体的生活质量，还可以促进社会的包容性和平等性。

人工智能为解决长期存在的社会问题提供了新的视角和工具。结合设计师的创意和洞察力，这些技术有潜力对我们的社会产生深远的影响。

6.4　思考人类未来

随着人工智能技术的进步和普及，它所带来的变化不再局限于工业、医疗和教育等领域。其深远的影响将重塑人类未来的生活方式、思维模式，甚至可能对人类的本质和身份产生挑战。这样的前景引发了对未来的深入思考和哲学探讨。

（1）与机器的共存

人工智能和机器将变得越来越智能，但它们永远不能完全替代人类。我们需要思考如何与这些机器和平共处，确保它们为我们服务，而不是控制我们。在未来，AI 技术可能达到甚至超越人类的智能水平。这时，人类是否还能保持对 AI 的控制？我们是否应该为 AI 设立道德和伦理界限？例如，电影《她》（*Her*）展示了一个与操作系统发展出深厚情感关系的人类的故事，这使我们思考，人与机器之间的关系是否真的可以超越传统的工具角色，成为真正的伙伴或甚至爱人。

（2）重新定义工作与休闲

随着 AI 自动化的增加，人们的工作方式和工作内容都将发生变化。我们需要重新定义"工作"的含义，并思考如何利用更多的休闲时间。传统的工作模式可能会被彻底颠覆。随着 AI 自动化取代了许多日常工作，人们可能会有更多的时间进行创意、艺术和休闲活动。例如，书籍《未来简史》中提到，未来的社会可能更加注重情感和人类经验，而非生产和效率。

（3）人类身份的再定义：永生与智慧人

当 AI 和生物技术结合，人类可能有机会对自己的身体和大脑进行增强。我们是否应该追求超人的状态，还是保持我们的天然属性？电影《攻壳机动队》中，主人公是一个拥有人类大脑但身体全部由机器构成的赛博格，她时常对自己的身份和存在的意义进行深入的思考。

数字化意识：有理论提出，未来人类的意识或思维可以转移到数字平台上，如电脑、云服务器等，实现思维和记忆的永恒保存。例如，电影《超验骇客》中展示了通过数字化人脑来达到永生的概念。

基因编辑、干细胞治疗：医疗先进技术的发展可能使人类延长生命，甚至逆转衰老。然而，这也带来了伦理、资源分配等一系列社会问题。

AI 与人脑的融合：随着脑－机接口技术的进步，未来的人类可能将 AI 集成到自己的大脑中，形成一种超越当前人类智慧的新型生命体。这样的生命体是否还能被称为"人类"是一个值得探讨的问题。

智慧人的社会地位：如果 AI 达到或超越人类智慧，他们是否应该获得与人类相同的权利和地位？例如，科幻剧《西部世界》中的智慧机器人逐渐获得了自我意识，与人类进行对抗。

碳基与硅基的交互：未来，碳基生命和硅基生命可能需要共同生活和协作。他们如何互动、沟通，以及如何解决潜在的冲突，将是一个重要议题。传统上，我们认为生命主要基于碳元素构建。但随着硅基 AI 实体的出现，我们是否应该重新定义生命？硅基生命可能没有情感、痛苦或快乐，但他们有自己的逻辑、目的和可能的自主性。与碳基生命相比，硅基生命可能更容易实现"永生"。他们不受生物衰老、疾病等问题的困扰，可以通过备份和迁移来保存自己的"意识"。

随着科技和医学的进步，关于人类延长生命甚至追求永生的话题逐渐受到关注。同时，随着人工智能和生物技术的结合，涉及碳基生命（例如人类）与硅基生命（例如机器人和其他 AI 实体）之间的差异和交互的议题也逐渐浮出水面。

（4）伦理与哲学

当 AI 开始做出决策、创造艺术并与人类互动时，我们需要考虑它们的伦理边界。我们要决定什么是对的、什么是错的，以及我们如何确保这些机器遵循这些原则。

AI 设计与社会意识是相辅相成的。设计师在创造新的 AI 解决方案时，必须深入思考其对社会、人类和未来的影响。只有这样，我们才能确保技术为我们的未来带来真正的利益。

6.5　未来设计与设计教育

在 AI 的帮助下，我们可能不再需要传统的应试教育。学习可能变得更加个性化和实践性，注重培养创造力、批判性思维和人际交往能力。例如，AI 教育平台可以根据每个学生的兴趣和能力为其提供定制的学习内容和路径。

（1）未来教育

关于未来教育，以色列著名历史学家、哲学家、教育家尤瓦尔·赫拉利在其著作《今日简史》中讨论了学校教育的重点，以及在未来世界中人们需要学习哪些技能来适应人工智能时代的社会和就业市场。作者指出，大多数学校过于强调提供信息和传授一套既有的技能，然而在不确定的未来世界中，我们无法预测具体需要哪些特定的技能。因此，学校现在应该着重教授所谓的"4C"：批判性思考（critical thinking）、沟通（communication）、合作（collaboration）和创意（creativity）。这些通用的生活技能将比特定的工作技能更重要。重要的是让学生具备随机应变的能力，学习新事物，并在不熟悉的环境中保持心智平衡。

面对未知的未来，人类需要不断地重塑自己，而不仅仅是发明新的想法和产品。未来的教育应该更注重培养学生的判断能力，而不是简单地灌输信息。这将有助于人们在不断变化的世界中适应和生存。

教育是每一个文明社会的核心，随着时间的推移，教育的形态和内容也在不断地变化。未来教育须更为灵活、开放和创新，以满足全球化、多元化和数字化时代的需求。

（2）基础教育

浙江大学郑强教授在给青岛大学演讲时讲道："教育不是赶时髦，大学教育不要追着产业走，要注重基础教育。"引发了大学教育中基础与产业的平衡探讨。随着社会的快速发展和技术的日新月异，越来越多的大学和学院纷纷迎合当前产业的热门领域，如人工智能、大数据和区块链等，调整课程结构并开设相关专业。然而，这一现象背后却隐藏着一个值得我们关注的问题：大学教育真的应该完全追随产业的脚步吗？或者，我们是否应该更加注重基础教育，为学生打下坚实的学术和技能基础？

① 教育的本质与目的：首先，我们需要回到教育的本质。教育的首要目的是培养学生的

思维能力、解决问题的能力以及终身学习的能力。举个例子，一位学习了古典音乐的学生可能在日常生活中很少直接使用所学的内容，但学习古典音乐的过程锻炼了他的专注力、耐心和审美能力。这些能力对于他未来的学习和职业生涯都是非常有益的。

② 基础教育的长远价值：大学的基础课程，如数学、物理和哲学，虽然可能与当前产业的需求不完全吻合，但它们为学生提供了宝贵的知识体系和思考方法。例如，学习数学不仅仅是为了解决具体的数学问题，更重要的是培养逻辑思考和分析问题的能力。

③ 追赶产业的风险：当大学过于注重追随产业的趋势时，可能会面临以下风险。

短视和功利：过于追求短期的就业率和产业合作可能导致学校失去了对长远发展和教育质量的关注。

失去独特性：如果每所大学都追求相同的产业热点，可能导致高等教育的同质化，失去各自的特色和优势。

举一个明显的例子，史蒂夫·乔布斯（Steve Jobs）在他的斯坦福大学演讲中提到，他在大学时选修的书法课为其后来的产品设计提供了启示。如果他仅仅追求与当时产业相关的技能，可能就错过了这个对其产品设计产生深远影响的体验。

虽然与产业的合作和迎合当前的热门领域是重要的，但大学教育更应该注重基础教育，确保学生在未来的学术生涯和职业生涯中都能够适应变化和应对挑战。只有在坚实的基础上，学生才能够真正实现自己的潜力，为社会做出更大的贡献。

（3）未来设计教育

说到设计和教育，人们马上会想到"培养优秀的设计师"。这和数学的重要性不单单在于"培养数学家"一样，将设计的思想融入普通人的生活同样重要。就像音乐是一门享受声音的技术一样，设计是一门用来享受生活的技术和哲学。未来设计教育应该培养以下类型的人才。

① 交叉学科、复合型创新人才：学科间的界限模糊，共同解决问题。艺术、设计、科技、社科、人文等领域的跨界合作，学科互补、问题驱动，培养具有精确专业素养、专业前沿视野、综合分析能力和科学人文理念的复合型创新型人才，为设计行业的探索性发展提供先驱实践。

② 智慧设计：适应、更好地应用人工智能等技术变革。

③ 面向社会、生产、生活的前沿与未来趋势：培养学生具有分析与预判社会发展趋势的能力，掌握先进的设计理念、方法与工具，了解机构和市场运行模式及产品开发流程，成为未来社会形态的创造者。培养终身运动者、责任担当者、问题解决者和优雅生活者。

④ 理性与感性、宏观与微观并存：培养学生能够运用创新工具将理性的设计思维和感性的艺术认知进行综合，并提供切实的解决思路；培养学生能够融合微观与宏观视角，充分激发成为未来服务设计行业领军人才的创新潜能。

⑤ 培养未来的引领者：未来的设计师将扮演科技的诠释者、人性的引领者、感性的创造者。设计师身兼数职，不仅是做设计，还需要观察、洞察周围的一切。

⑥ 对未来负责的态度：培养具有社会责任感、时代使命感、科学人文理念、多元知识背景、精确专业素养、跨界合作能力、未来视野和创新精神的国际化复合型人才。将设计的思想融入普通人的生活。

（4）设计教育与改革

从德国包豪斯（Bauhaus）开始，到美国的新包豪斯，再到英国的设计方法运动，以至近来由"设计思维运动"引起的世界范围内大设计教育的探索，现代设计教育大致可以分为五个不同的阶段。

① 现代设计奠基阶段：包豪斯（1919—1933）以工业化和标准化生产为基础，以提供现代商品为目标，强调技术与艺术的结合。包豪斯对现代设计的贡献，不只是围绕经济美学和现代生产工艺的现代设计理念，也影响至今的现代设计教育课程体系。

② 设计商业化、设计服务社会化时期：由于战争等原因，当包豪斯转移到美国之后，正是美国商品经济大发展的时期，美国逐渐成为现代设计的中心，设计商业化、设计服务社会化逐渐成为潮流。企业的设计部门或设计咨询公司大量出现，成就了包括雷蒙德·罗维（Raymond Loewy）在内的一批强调设计为商业服务的新兴设计代表人物和设计作品。

③ 设计方法运动时期：20世纪六七十年代，强调过程管理和决策依据的设计方法运动兴起。第一个设计研究组织（Design Research Society，DRS）在英国成立，使设计参与到企业产品研发中，注重流程和效率管理。也让设计从师徒经验传承发展成为真正意义上的学科，从实践经验到知识积累的学科。

④ 学科交叉时期：20世纪80年代后，计算机和信息技术的发展不仅丰富了产品功能的实现手段，也逐渐改变了生产和商业服务的模式。通过学科交叉来了解和运用新兴技术成为设计领域的潮流。

⑤ 新的困惑期：商业模式对人才需求的变化影响着设计教育改革的方向。是满足行业需求还是引领行业的发展，成为设计教育关注的话题。

（5）设计教育改革中的3C

① 语境（context）：在这里指的是设计教育的时代背景，包括社会需求、经济状况、技术发展趋势以及相关联学科的研究成果。

社会需求：包豪斯的先驱们准确地洞察了当时的时代需求，设计要解决现在社会的问题，必须了解现在社会的背景和需求。例如社会需求如环境压力、粮食安全、老龄化、健康问题、教育公平、文化冲突，从而影响设计趋势如绿色设计与可持续设计、服务设计、社会创新设计。

经济状况、技术发展趋势：信息技术、互联网平台和服务经济的发展，要求设计师更多地参与产品开发前期的用户研究和产品定义阶段。

② 内容（content）：内容的变化会影响设计教育理念和设计人才培养模式的改变。

设计内容的变化：艺术商品→大众商品→服务→体验。

掌握新的专业能力：设计研究、设计交流与传播理论、设计伦理、知识产权保护、团队建设等。

③ 过程（course）：指的是接受设计教育的过程。设计教育的过程是培养设计师在复杂商业或社会环境中解决复杂问题的能力，而不只是设计课程培养的基本设计技能。

学习包豪斯教育理念：用共性的方法培养能够满足不同行业和现代城市生活需求的设计人才。

寻找设计内容的共同特性：通过研究包豪斯的课程体系，可以发现包豪斯对现代设计教育的贡献不只是现代工业美学的课程体系和课程内容本身，而在于其课程体系背后的哲学特征。用哲学的方法抽象了众多现代工业商品的普遍属性，如材料、色彩、加工工艺等方面的现代工业商品的共性技术和适应现代工业技术的美学价值表达方法。

（6）人工智能视角下设计教育的思考与探索

在过去的几十年里，人工智能在各个领域取得了巨大的进展和应用。而设计教育作为培养创意和创新力的重要环节，也不可避免地与人工智能产生了交集。那么，如何让设计教育与人工智能相结合，为我们的未来带来更多的可能性和进步呢？接下来，将从三个方面来探讨。

① 设计教育与人工智能的结合将为学生提供更广阔的创作空间和机会。人工智能的快速发展使得计算机技术可以模拟和处理更为复杂的设计任务，从而帮助学生更加高效地进行创作。例如，人工智能可以分析大量数据和信息，为学生提供更准确的市场趋势和用户需求预测。同时，人工智能还可以通过算法快速生成大量设计方案，让学生在短时间内拥有更多的选择和创作灵感。这些技术可以帮助学生更好地理解设计原理和趋势，并激发他们的创造潜力。

扩展创作能力：人工智能可以为学生提供更多创作的可能性。通过机器学习和数据分析，人工智能可以帮助学生挖掘新的设计灵感、尝试不同的创作风格，以及发掘隐藏的设计规律和趋势。

提供个性化的学习体验：人工智能技术可以根据学生的兴趣、水平和学习风格提供个性化的学习资源和指导。它可以通过学习学生的行为和反馈，为他们量身定制设计课程，提供有针对性的教育和培训。

提供实时反馈：人工智能可以对学生的设计作品进行实时分析和评估，并提供即时反馈。这有助于学生在创作过程中快速纠正错误、改进设计，并加快学习曲线。通过不断的实时反馈，学生可以更好地理解自己的创作风格和技巧，有助于他们实现更好的设计效果。

辅助设计工具：人工智能可以提供强大的辅助设计工具，帮助学生更高效地完成设计任务。例如，智能设计软件可以为学生生成自动化的设计草图、优化布局、处理图像和色彩等。这为学生提供了更多的时间和精力去专注于创意和概念的发展。

促进跨学科合作：人工智能的结合可以促进设计教育与其他学科如工程学、心理学、社会学等的融合。学生可以与不同领域的专家和团队合作，共同开拓创新的设计解决方案。人工智能技术可以提供跨学科合作的平台和工具，促进知识和经验的共享。

虽然设计教育与人工智能相结合可以为学生提供更广阔的创作空间和机会，但也需要注意人工智能的潜在限制。例如，人工智能在某些领域可能存在创造力的局限性，学生仍需要培养自己的审美和创意思维能力。因此，设计教育应该继续注重培养学生的人类创造力和设计思维，使其能够充分发挥人工智能技术的潜力。

② 设计教育与人工智能的结合将促进设计教育的个性化和差异化发展。每个学生都具有独特的兴趣、才能和学习方式，而人工智能可以根据学生的需求和特点进行个性化的学习指导。通过分析学生的学习数据和行为模式，人工智能可以推荐适合学生的学习资料和项目，帮助他们更快地提高设计能力。同时，人工智能还可以根据学生的学习历程和反馈进行智能评估和指导，及时给予学生相应的建议和指引，使得设计教育更加精准和有效。

个性化学习路径：人工智能可以根据学生的兴趣、学习进度和学习方法，提供个性化的学习路径。通过分析学生的学习行为和表现，人工智能可以为学生定制专属的学习计划和内容。这样，每个学生可以根据自己的需要和水平，按照自己的节奏进行学习，提高学习效果和成果。

强化学习辅助：人工智能可以通过强化学习算法，为学生提供实时的、个性化的学习指导。通过分析学生在设计学习任务中的行为和决策，人工智能可以及时获取学生的学习状态，并提供具体的建议和反馈。这有助于学生在学习过程中更好地理解自己的问题和困难，而不仅仅局限于课堂教学。

自适应教学资源：人工智能可以根据学生的学习需求和兴趣，提供相关的教学资源和材料。通过分析学生的兴趣、学习风格和学习历史，人工智能可以帮助学生找到适合自己的学习资源和案例，以推动他们的学习和创作能力。

智能评估和反馈：设计教育中的评估和反馈对于学生的学习和成长至关重要。人工智能可以通过自动化的评估工具，分析学生的设计作品，并提供针对性的反馈和建议。这有助于学生更好地了解自己的优势和不足，并根据反馈及时调整和改进自己的创作和表现。

实时监控和追踪：人工智能可以对学生的学习行为进行实时的监控和追踪。通过分析学生的学习数据，人工智能可以为教师提供详细的学习报告和分析，帮助教师更好地了解学生的学习状态和需求，从而进行更精确的指导和引导。

通过设计教育与人工智能的结合，学生可以得到个性化的指导和支持，能够根据自己的学习风格和目标，选择适合自己的学习路径。这将促进学生的自主学习和创新思维的培养，从而实现设计教育更差异化和个性化的发展。

③ 设计教育与人工智能的结合将培养学生跨学科学习和终身学习的能力。设计不是一个孤立的学科，而是与其他学科相互融合和交叉。通过人工智能的辅助，学生可以更好地探索和应用其他学科的知识，拓宽他们的学术视野和思维方式。同时，人工智能的发展速度也要求学生具备终身学习的能力，不断跟进和更新自己的知识和技能。设计教育应该将学生培养成为具备批判性思维、自主学习和创新能力的综合型人才，以应对未来社会的挑战和变化。

整合跨学科知识：设计教育常常涉及多个学科领域，包括艺术、工程、心理学等。人工智能可以提供整合不同学科领域知识的工具和资源，帮助学生对多个学科进行跨界学习。例如，通过人工智能的自动化创作工具，学生可以将技术、艺术和人文学科的知识融合，进行跨学科的设计创作。

促进终身学习：人工智能可以帮助学生建立起终身学习的意识和习惯。通过人工智能的个性化学习路径和资源推荐，学生可以在学习过程中不断扩展知识领域，适应并掌握新的学科和技能。人工智能还可以通过追踪学习进度和提供学习计划，引导学生进行自主学习，并激发他们的学习兴趣和动力。

自主学习和问题解决能力：设计教育强调培养学生的自主学习和解决问题的能力。人工智能可以通过提供自主学习工具和资源，引导学生进行自主探索和创造性解决问题的实践。通过与人工智能的互动，学生可以获得个性化的学习指导和回馈，从而提高自主学习的能力和问题解决思维。

数据分析和决策能力：设计过程中需要对大量数据进行收集、分析和应用。人工智能可以帮助学生学习数据分析的方法和工具，提高他们对数据的理解和应用能力。通过人工智能的辅助，学生可以更好地从数据中提取信息，并基于数据做出合理的决策和设计选择。

创新思维和能力：人工智能的应用可以促进学生的创新思维和能力。通过自动化的创作工具和算法，学生可以探索新的设计解决方案，激发创新的灵感和想象力。人工智能可以为学生提供创新的思维方式和方法，培养他们的创造性思维和创新精神。

通过设计教育与人工智能的结合，学生可以更好地培养跨学科学习和终身学习的能力。他们能够将不同学科领域的知识和技能进行整合，应对不断变化的学习需求和挑战。同时，他们还能够学会利用人工智能工具和资源，发展自主学习、问题解决、数据分析和创新思维等重要能力。

通过以上分析，我们可以看出，设计教育与人工智能的结合未来将带来更多的可能性和进步。但同时，我们也必须正视一些潜在的问题和挑战。例如，人工智能的发展可能会导致某些设计技能和岗位的消失，同时也需要解决数据隐私和伦理道德等问题。因此，我们需要全面考虑这些问题，并制定相应的政策和规范，以确保人工智能在设计教育中的应用能够更好地为人类社会的发展做出贡献。

设计教育与人工智能的结合并不是要取代人类设计师的角色，而是为他们提供更多的工具和辅助。设计的本质是人文关怀和情感表达，而人工智能无法完全替代这些特点。设计师应该将人工智能视为一种有益的工具和伙伴，与其共同合作，为社会创造更美好的未来。

人工智能具有广泛的意义与价值，对社会、经济和科学领域都产生深远影响。以下引用原西安交通大学校长王树国对设计和未来人工智能时代的观点。新技术革命的到来非常急迫，深刻地改变了这个世界。在人工智能技术为主导的第四次工业革命中设计领域尤为重要，它关乎人类未来的生活质量，它不仅仅是一个产业，更是一种文化的传承。在一个高质量的社会发展时期，承载着文化传承的设计专业将是未来发展的一个关键点。当今的设计已经与传统的设计不同，它既是文化和新技术的交叉集中点，又是以多学科交叉技术的集中点，并且任何一种文化的传承都离不开设计。设计本身既是文化又是技术，王校长呼吁中国有志青年更多地投身到此领域，学好设计、了解新技术，引领中国在此领域的未来世界发展之路。

人工智能设计课题在培养创新能力、解决实际问题、推动科技进步以及适应未来社会需求方面具有重要作用。具体实践意义列举如下。

① 面向新经济的"四新"专业改造升级路径探索与实践：适应未来就业需求，人工智能已经成为各行各业的重要组成部分，具备人工智能设计能力的人才在未来的就业市场中具有竞争优势。

② 实践技能：人工智能技术在艺术设计专业及教学中的研究与应用课题与创新教学强调实际操作和技能培养，可以学会使用各种人工智能技术工具和平台，掌握从数据收集、预处理、建模到部署的整个智能设计流程。这些技能对于未来从业或深入研究人工智能领域都至关重要。

③ 提供规范的学习方法：由于人工智能技术与产品设计的结合尚不成熟，教学方法也缺乏规范性，本课题将研究并介绍基于最新技术的完整规范的学习方法，以缩短最新技术与教学大纲之间的时间差。

④ 培养发展体系：提出人工智能技术在艺术设计专业的研究与应用的实践路径，建立人工智能技术在设计行业中的培训和发展体系。

⑤ 培养创新能力：人工智能技术在艺术设计专业及教学中的研究与应用要求深刻理解技术、市场和用户需求，从而激发创新思维和创造力。通过在设计过程中运用人工智能工具，分析发现问题、进行调研、提出解决方案等环节，能够锻炼从多个角度思考问题的能力，提高设计效率，将设计师精力集中于设计思想与发掘人类社会问题，培养出色的创新者和问题解决者。

⑥ 培养未来设计引领者：未来的设计师将成为科技的诠释者、人性的引领者、感性的创造者。设计师将承担多重角色，不仅仅是设计的执行者，还需要有足够的精力去观察、洞察周围的一切。

⑦ 培养艺术文化与生活感受能力：在人工智能设计时代，设计师的文化综合素养变得尤为重要。设计师的艺术文化素养将影响其对当代文化的理解深度、对流行文化趋势的把握程度、对传统文化的传承力度、对异域文化的吸收能力，以及在品牌文化建设方面的能力。本课题旨在研究并提供设计师如何利用人工智能工具提高效率、提升文化素养，以及通过大数据统计分析来把握文化趋势的方法，探索新时代对传统文化的继承、应用和发展的策略。

⑧ 提供用户培训守则：当引入人工智能技术进入新领域时，用户可能需要适应新的交互方式与系统，因此教育和培训变得至关重要。因此，对用户与人工智能设计的研究也是市场上迫切需要的。

⑨ 解决社会问题：人工智能在医疗、教育、环保等领域有广泛的应用前景，通过人工智能产品的设计，可以解决一些社会问题，提高社会效益，为人类带来更多的福祉。

⑩ 跨学科融合：人工智能设计通常需要跨学科的知识，涵盖计算机科学、心理学、设计学、市场营销等多个领域。这种跨学科的融合能够培养综合素养，更好地理解和解决复杂的现实问题。

⑪ 促进科技创业：人工智能设计大大提高了设计效率，有助于设计师将精力集中于市场需求的敏感性，帮助他们将技术创新转化为商业机会，促进科技创业的发展。

⑫ 培养团队合作精神：人工智能设计通常需要多个专业领域的人才共同合作，有助于培养团队合作精神、沟通能力和领导力。

⑬ 培养好奇心：课题有助于培养拥抱新技术的能力和方法、培养好奇心与强大的学习新知识能力。

⑭ 新商业模式和机会：此研究课题也会深入研究人工智能的商用价值、方法及各种可能性，并做出预案，有助于发掘新的商业模式，创造更多机会。

⑮ 解决数据挑战：充分利用国内人口红利，培训适用于解决国内需求的大型模型。数据的质量、数量和多样性对于培训高质量的人工智能模型至关重要。更多的设计应用可帮助获取足够多样化且具有代表性的数据，尤其是针对特定设计领域或任务。本课题的研究和阐述有助于充分发挥国内设计人才红利，为培训和发展国内人工智能模型打下大数据基础。

随着技术的发展，AI将更加无缝地融入我们的日常生活中。例如，智能家居、智能车辆、智能城市等将由AI支撑，并能够理解并预测用户的需求。未来的AI设计将更注重用户体验，使AI技术变得更加隐形和普及。未来的设计将不仅依赖文本或语音交互，还将融入更多的模态，如图像、触觉、味觉等，为用户提供更丰富的多模态交互体验。语音助手、手势识别和其他自然用户界面（NUI）将变得更加先进，使得与数字产品的交互变得更加直观和无缝。

与此同时，AI技术的飞速发展带来了众多伦理问题，如隐私、数据安全、偏见等。未来，随着公众对这些问题的关注增加，AI的设计将需要更加重视伦理和责任。目前，大多数先进的AI系统依赖大量的数据和计算资源，对环境和能源也是一种考验。未来，通过算法优化和模型压缩，AI将能够在低资源环境中运行，可控核聚变、清洁能源等技术的成熟，将使更多的人受益于人工智能技术。

思 考

如何在人工智能设计中推动社会公平和正义？

推荐阅读

人工智能设计相关书籍：

[1] 孙凌云.智能产品设计[M].北京：高等教育出版社，2020.
[2] 廖建尚.智能产品设计与开发[M].北京：电子工业出版社，2021.
[3] 张帆，王涛，崔艺铭.整合创新驱动下的智能产品交互设计：方法与应用案例[M].北京：中国纺织出版社有限公司，2022.
[4] 余从刚.数据驱动的智能产品设计[M].北京：北京大学出版社，2017.
[5] 薛志荣.AI改变设计：人工智能时代的设计师生存手册[M].北京：清华大学出版社，2019.
[6] 王科，李霖.智能汽车关键技术与设计方法[M].北京：机械工业出版社，2019.
[7] 陈芳，雅克·特肯.以人为本的智能汽车交互设计[M].北京：机械工业出版社，2021.
[8] 张书涛，苏建宁，周爱民.产品意象造型智能设计[M].北京：清华大学出版社，2019.
[9] 杨茂林.智能化信息设计[M].北京：化学工业出版社，2019.
[10] 邢袖迪.智能家居产品：从设计到运营[M].北京：人民邮电出版社，2015.
[11] 刘嘉闻，罗伯特·舒马赫.人工智能与用户体验：以人为本的设计[M].周子衿，译.北京：清华大学出版社，2021.

人工智能设计理论与发展史相关书籍：

[1] 尼克.人工智能简史[M].2版.北京：人民邮电出版社，2021.
[2] 拜伦·瑞希.人工智能哲学[M].王斐，译.上海：文汇出版社，2020.
[3] 鲍军鹏，张选平.人工智能导论[M].北京：机械工业出版社，2010.
[4] 谭建荣，冯毅雄.智能设计：理论与方法[M].北京：清华大学出版社，2020.
[5] 多田智史.图解人工智能[M].张弥，译.北京：人民邮电出版社，2021.
[6] 杨立昆.科学之路：人、机器与未来[M].李皓，马跃，译.北京：中信出版集团，2021.
[7] 梅拉妮·米歇尔.AI 3.0[M].王飞跃，译.成都：四川科学技术出版社，2021.

智能设计技术与实践类书籍：

[1] 麻省理工科技评论.科技之巅：《麻省理工科技评论》50大全球突破性技术深度剖析[M].北京：人民邮电出版社，2016.
[2] 李彦宏.智能革命：迎接人工智能时代的社会、经济与文化变革[M].北京：中信出版集团，2017.
[3] 中国电子信息产业发展研究院.人工智能创新启示录：赋能产业[M].北京：人民邮电出版社，2021.
[4] 李开复，陈楸帆.AI未来进行式[M].杭州：浙江人民出版社，2022.
[5] 中国智能城市建设与推进战略研究项目组.中国智能制造与设计发展战略研究[M].杭州：浙江大学出版社，2016.
[6] 胡迪·利普森，梅尔芭·库曼.3D打印：从想象到现实[M].北京：中信出版社，2013.
[7] 赵志.Arduino开发实战指南：智能家居卷[M].北京：机械工业出版社，2015.

[8] 马西莫·班兹. 爱上 Arduino[M]. 于欣龙，郭浩赟，译. 北京：人民邮电出版社，2011.

[9] 少宇. 智能硬件产品：从 0 到 1 的方法与实践 [M]. 北京：机械工业出版社，2021.

其他智能设计相关书籍：

[1] 瑞恩·卡洛，迈克尔·弗鲁姆金，伊恩·克尔. 人工智能与法律的对话 [M]. 陈吉栋，董惠敏，杭颖颖，译. 上海：上海人民出版社，2018.

[2] Hendrik N.J. Schifferstein, Paul Hekkert.Product Experience[M].Elsevier Science, 2007.

[3] 尤瓦尔·赫拉利. 人类简史：从动物到上帝 [M]. 林俊宏，译. 北京：中信出版社，2014.

[4] 尤瓦尔·赫拉利. 今日简史：人类命运大议题 [M]. 林俊宏，译. 北京：中信出版社，2018.

[5] 尤瓦尔·赫拉利. 未来简史：从智人到智神 [M]. 林俊宏，译. 北京：中信出版社，2017.

设计院校相关课程大纲及教学成果：

[1] 麻省理工学院媒体实验室 2023 年媒体艺术与科学学科课程大纲

[2] 麻省理工学院媒体艺术与科学学科公开课程资料（教学大纲、讲义资料、视频、作业、学生作品）

[3] 麻省理工学院全校各专业人工智能相关课程大纲

[4] 中央美术学院艺术与科技课程大纲

[5] 同济大学设计创意学院设计人工智能实验室教学成果

[6] 北京师范大学设计与未来生产、生活方式研究实验室教学成果

参考文献

[1] McCarthy J. What is artificial intelligence?[J]. Computer Science, Philosophy, 2004.

[2] Kaplan A, Haenlein M. Siri, Siri, in my hand: Who's the fairest in the land? On the interpretations, illustrations, and implications of artificial intelligence[J]. Business Horizons, 2019, 62(1): 15-25.

[3] Aldoseri A, Al-Khalifa K N, Hamouda A M. Re-Thinking Data Strategy and Integration for Artificial Intelligence: Concepts, Opportunities, and Challenges[J]. Applied Sciences, 2023, 13(12): 7082.

[4] Liu C. Artificial intelligence interactive design system based on digital multimedia technology[J]. Advances in Multimedia, 2022, 2022 (4): 1-12.

[5] Kanade V. What is HCI (Human-Computer Interaction)? Meaning, Importance, Examples, and Goals[J]. 2022.

[6] 吴琼. 人工智能时代的创新设计思维 [J]. 装饰, 2019(11):18-21.

[7] 沃尔特·艾萨克森. 史蒂夫·乔布斯传 [M]. 管延圻, 译. 北京: 中信出版社, 2021.

[8] 苏杰. 人人都是产品经理 [M]. 北京: 电子工业出版社, 2010.

[9] Porter M E, Heppelmann J E. How smart, connected products are transforming companies[J]. Harvard Business Review, 2015, 93(10): 96-114.

[10] Wang Y, Cui H, Esworthy T, et al. Emerging 4D printing strategies for next-generation tissue regeneration and medical devices[J]. Advanced Materials, 2022, 34(20): 2109198.

[11] Stuart-Fox D, Ng L, Barner L, et al. Challenges and opportunities for innovation in bioinformed sustainable materials[J]. Communications Materials, 2023, 4(1): 80.

[12] Kumar K S, Chen P Y, Ren H. A review of printable flexible and stretchable tactile sensors[J]. Research, 2019.

[13] Wicaksono I, Tucker C I, Sun T, et al. A tailored, electronic textile conformable suits for large-scale spatiotemporal physiological sensing in vivo[J]. npj Flexible Electronics, 2020, 4(1): 5.

[14] Roy K, Jaiswal A, Panda P. Towards spike-based machine intelligence with neuromorphic computing[J]. Nature, 2019, 575(7784): 607-617.

[15] Khalid S, Raouf I, Khan A, et al. A review of human-powered energy harvesting for smart electronics: Recent progress and challenges[J]. International Journal of Precision Engineering and Manufacturing-Green Technology, 2019, 6: 821-851.

[16] Zhang W, Jiang H, Chang Z, et al. Recent achievements in self-healing materials based on ionic liquids: A review[J]. Journal of Materials Science, 2020, 55: 13543-13558.

[17] Chandrasekaran N, Somanah R, Rughoo D, et al. Digital transformation from leveraging blockchain technology, artificial intelligence, machine learning and deep learning[C]//Information Systems Design and Intelligent Applications: Proceedings of Fifth International Conference INDIA 2018 Volume 2. Springer Singapore, 2019: 271-283.

[18] Elmeadawy S, Shubair R M.6G wireless communications: future technologies and research challenges[C]//2019 international conference on electrical and computing technologies and applications (ICECTA). IEEE, 2019: 1-5.

[19] Costa P. AI & machine learning, generative adversarial networks: when machine learning is a game[J]. 2018.

[20] Mortenson M E. Geometric Modeling[M]. John Wiley & Sons, Inc., 1997.

[21] Zhong Y. Key techniques for 3D garment design[J].Computer Technology for Textiles and Apparel, 2011:69-92.

[22] Deng C, Ji X, Rainey C, et al. Integrating machine learning with human knowledge[J]. Iscience,

2020，23(11)：101656.

[23]　Gagne J M L，Andersen M. Multi-objective facade optimization for daylighting design using a genetic algorithm[C]//Proceedings of SimBuild 2010-4th National Conference of IBPSA-USA. 189190，2010.

[24]　Dai S，Kleiss M，Alani M，et al. Reinforcement learning-based generative design methodology for kinetic facade[J]. Association for Computer-Aided Architectural Design Research in Asia (CAADRIA)，2022，1：151-160.

[25]　Razjouyan J，Freytag J，Dindo L，et al. Measuring adoption of patient priorities-aligned care using natural language processing of electronic health records：development and validation of the model[J]. JMIR Medical Informatics，2021，9(2)：e18756.

[26]　Wang R，Shi T，Zhang X，et al. Implementing in-situ self-organizing maps with memristor crossbar arrays for data mining and optimization[J]. Nature Communications，2022，13(1)：2289.

[27]　Miles R. Start here! learn the kinect api[M]. Pearson Education，2012.

[28]　尤瓦尔·赫拉利. 今日简史：人类命运大议题 [M]. 林俊宏，译. 北京：中信出版社，2018.